成長する資源大陸

アフリカを掘り起こせ

鉱業技術者が説く
資源開発のポテンシャルとビジネスチャンス

細井 義孝 著

B&Tブックス
日刊工業新聞社

はじめに

かつて「暗黒大陸」と呼ばれていたアフリカが今「成長市場」に変わろうとしている。その原動力となっているのが豊富な地下資源だ。アフリカは「資源の宝庫」と言われてきたが、近年の探査・採掘技術の進歩により新たな埋蔵資源がアフリカ各地で続々と見つかっている。

石油・天然ガスにおいては「旧フロンティア諸国」(ナイジェリア、ガボンなど)に対して「新フロンティア諸国」(タンザニア、ケニア、リベリア、シエラレオネなど)が誕生している。また、かつての金とベースメタルのみがターゲットとされた時代から、レアメタルを含むものまで対象金属が多様化し、今まで注目を集めなかったマラウイ(レアアース)、マダガスカル(ニッケル)などの国が脚光を浴び、ケニアなど他の国でも新たなターゲットに探査が始められ、資源国といわれる国がさらに増えている。

各国企業はアフリカへの投資を進めており、とりわけ中国の進出は著しい。これに比べて日本は出遅れていたが、ここにきて産官連携でアフリカとの関係強化を目指す動きが本格化してきた。

2013年6月に横浜で第5回アフリカ会議(TICAD V)が開催された。アフリカ全54カ国中51カ国の代表団が来日し、日本からは安倍首相、経団連会長など官民の首脳が参加し会談を行った。今回のTICADの特徴は、アフリカを今までの「援助の対象」から「投資の対象」に位置づけたことである。TICAD Vを契機にアフリカをビジネスの対象として捉えようとする動きが目立ってきた。TICAD Vに先立つ5月には、経済産業省主導で日本初の国際資源大会となった国際資源ビジネスサミットが開催され、アフリカ資源各国の資源大臣を含む約2,000名の参加を得た。サミット終了翌日には日アフリカ資源大臣会合が開催された。

2014年1月には安倍首相はモザンビーク、エチオピア、コートジボワールを訪問した。モゼンビークでは、日本が必要とする石炭、石油・天然ガスの開発を後押しするインフラ整備、人材育成を改めて表明し、日本企業の進出を後押しする姿勢を打ち出した。

日本企業がアフリカでの資源開発ビジネスに本格的に参入しようという機運が高まったこの時、本書を著すことにした。

本書は、日本人にとってまだなじみの薄いアフリカ諸国のなかでも、金属鉱物資源の宝庫で油田・ガス田も見つかっている南部アフリカ諸国を中心に資源の賦存と開発の実態、これからのポテンシャル、日本企業がアフリカの資源開発のために何が必要かを解説する。

著者のアフリカとの関わりは、秋田大学鉱山学部在学中に1年半休学してザイール（現・コンゴ民主共和国）の銅鉱山開発に参加したのが始まりである。大学卒業後、金属鉱業事業団〔現・石油天然ガス・金属鉱物資源機構（JOGMEC)〕に入団し資源探査や鉱山開発などで、そして2011年からは国際協力機構（JICA）の資源開発アドバイザーとして、アフリカとは40年以上関わってきた。著者の経験、知識がお役に立てば幸いである。

2014年2月

細井　義孝

目　次

第1章

「最後の成長市場」アフリカ

アフリカ大陸には、54カ国（世界の国の数の約28％）の国があり、約10億1,990万人（世界の人口の約15％）の人が、約3,000万km^2（世界の約23％）の土地に住んでいる。これまで内乱と紛争など混乱続きで期待に応える発展ができず、研究、援助の対象であったアフリカであるが、混乱が収まったため、その豊富な資源、とりわけ鉱物資源とエネルギーなどの地下資源に注目が集まり、それらの探査・開発が始動し始めた。

地下資源は目に見えないので、どのくらい埋まっているか分からない。しかし、探査を続けると新たな発見がある。そういった理由で、今まで分かっていた以上の地下資源の存在が分かってきた。もともと地下資源が豊富なことは期待されていたので、近年の資源ブームに乗って「アフリカ資源ブーム」が起こってきた。さらに探査により新たな資源が見つかってきたので、その勢いは止まらない。地下資源の開発と共に、多くの人口と広い国土を抱えているので、その経済発展は大きなものが期待される。「最後の成長市場」としてアフリカは期待されるようになった。

多くの資源企業がアフリカに進出する中で、日本企業の歩みは遅いように思える。このチャンスを逃してはいけない。

民族・言語・文化の多様なアフリカ

アフリカは人類発祥の地といわれ、事実、南アフリカに最古の人類が住んでいた洞窟が見つかっている。それにも拘らず、世界から畏敬の目で見られず、長い間成長から取り残され、博物館でも見るような特別な目で見られてきた。

一口にアフリカといっても、多くの国々がある。気候も熱帯雨林、サバンナ気候、地中海性気候など、地域により様々で、民族／人種・宗教・慣習も異なり、当然ながら歴史、政治・経済、文化社会的条件もバラエティに富んでいる。

アフリカ大陸は54カ国ある。通常、サハラ以南アフリカ（サブ・サハラア

アフリカの国々

フリカ）といわれる49カ国をアフリカということが多い。北アフリカ５カ国は、その異なる歴史も含め、政治・経済・社会的文化圏からサハラ以南のアフリカとは一線を画すと考えられているからである。

本書では、金属鉱物資源を重点的に見て、エネルギー資源が注目を浴びている国も併せて見ていくこととした。取り上げた国々は、金属鉱物資源で重要な南部アフリカ、新エネルギーフロンティア地域と呼ばれる東アフリカ、西アフリカの一部を選んだ。

多様性に富んでいる国家が集まるアフリカだが、資源も多様性に富む。アフリカという広い範囲でとらえるせいでもあろうが、鉱物資源、エネルギー資源の各種ほとんどが賦存している。それらの調査、開発に臨むには、資源のある当該国に入って大地や人々に触れて仕事をするわけで、特有な民族、文化、慣習も理解して臨む心構えが必要である。

アフリカの民族の数は多い。もともといた民族に加えて、他国から入り込んできた民族もあるし、混ざり合ってできた民族もある。ざっとしたところ約80の民族があると言われている。大概の国が複数の民族からなっている。

アフリカの言語研究者によると、アフリカで母語として話される言語は2,100種類以上、数え方によっては3,000種類以上あり、アフロ・アジア語族、ナイル・サハラ語族、ニジェール・コンゴ語族、コエ語族、オーストロネシア語族、インド・ヨーロッパ語族の6つに分類される。他にもいくつもの小さな語族や他との関連がない孤立した言語、まだ分類されていない言語が分布している。さらに、アフリカには多様な手話が存在し、その多くは孤立した言語となっている。

アフリカの言語のうち、およそ100の言語が民族内でのコミュニケーションに広く使われており、なかでもアラビア語、ベルベル語、アムハラ語、ソマリ語、オロモ語、スワヒリ語、ハウサ語、イボ語、ヨルバ語は数千万人によって話されている。方言と言われるような似通った言語を一つとして数えると、上位12言語は合わせて75％、上位15言語は85％のアフリカ人に用いられている。中部アフリカと東部アフリカで広く使われるスワヒリ語は日本人にも知られている。著者もアフリカの鉱山で働いた時や地方の調査の時はスワヒリ語を使っていた。

また公用語は、植民地であった国が多いので旧宗主国が普及させていたものをそのまま使っている場合が多い。というのも、国境線が引かれたのは旧宗主国同士の取り合いの結果であり、また多様な民族・部族同士の境界ははっきりしておらず、言語境界もはっきりせず、そういったことも考慮されずに国が形

アフリカの母語

成されているので、一つの部族、民族の言語で国を代表することが困難なのである。今となっては、国連の公用語になっているような言語を公用語にした方が外国との交流にも便利である。

したがって、人々の日常生活では、特に教育を受けていない人は土着言語を使っている場合が多い。一国の公用語は一つとは限らず、旧宗主国の言語の複数とか、旧宗主国の言語と自国の民族語を公用語としている場合もある。また、公用語の他に、スワヒリ語のように自国で割合に統一的に使われている言語を国語として定めている国もある。南アフリカ共和国では11言語を公用語と定めている。

公用語としては英語とフランス語が二大勢力としてある。欧米の言語としては、続いてポルトガル語とスペイン語である。アフリカの固有言語では、北部

注）複数公用語は主なもので代表

アフリカの公用語

アフリカで広く使われるアラビア語、東部・中部アフリカのスワヒリ語、南アフリカ共和国のアフリカーンス語がある。

言葉が通じることは重要なので資源と対象国によっては、得手不得手が出てくる。片言でも英語以外に話せる言語があると強い。

宗教は、大まかに言って北アフリカがイスラム教、南の方はキリスト教が多い。日本人は宗教意識が薄いので注意が必要である。

仕事をするには食事が大切であるが、アフリカの大半は内陸部となるので肉と川魚が主流であり、あとイモ類とか穀類を粉にして湯で練ったものが主食と

トウモロコシ粉を練った民族料理「シマ」を作るマラウイの女性

なっている。食が強くないと大変である。

この半世紀のめまぐるしい変遷―独立、内戦、開発―

「暗黒大陸」と呼ばれていたアフリカは、1878年にイギリス、フランス、ドイツを筆頭にヨーヨッパ諸国13カ国の首脳が集まった「ベルリン会議」によって分割された。アフリカの悲劇として、奴隷貿易、その後の植民地政策、ヨーロッパ列強による分割が挙げられる。新大陸に多くの働き盛りの人々が強制的に送られ、アフリカ経済はそのために発展が著しく阻害された。アフリカの人的・物的資源は搾取され、現在の地図を見てよくわかるとおり、アフリカの地元の人々や社会・歴史を無視した「一直線」の国境が欧州列強各国によって引かれた。

第二次大戦後、アフリカ諸国はヨーロッパ列強から政治的独立を勝ち取ったが、その後、多くの国で紛争・内戦・軍事クーデターが繰り返された。この政情不安定には、このような民族・部族を切り分けた人工的な国境が大きな原因の一つである。また、戦後の冷戦時代は、独立したばかりで人工的国境線上に成立している脆弱なアフリカ諸国を米ソともに援助をネタに自分の陣営に取り込もうとし支援したので紛争が長期化していった。特に、資源が豊富であったり、軍事戦略的に重要と米ソが考えたりした国々には、米ソの支援が争うように行われ、その国の内政不安継続の原因となった。これらの援助は米ソの国益のために行われたものであり、アフリカ諸国の発展を考えたものでは必ずしもなかったので、アフリカ諸国の植民地時代からの換金作物や天然資源に依存する経済構造には変化もなく、むしろそれが助長される傾向となった。

そんな中で起きた石油ショックは、第二次産品を多く輸入するアフリカ諸国にとって大打撃となった。さらに、鉱物資源に代表される第一次産品の長期的な価格の下降、しかも一次産品の価格をアフリカ諸国がコントロールできる立場にない現在の国際経済システムなどが、アフリカ諸国経済の停滞・悪化を助長していった。

人口増加がこのような経済の遅々たる発展・停滞を上回るペースで伸び、また、経済停滞が人口増加を促す側面もあるため（子供は無償の労働力と見なされ多産化が進む）、1人当たりの食料生産は過去40年間で減少する結果となり、そのため、アフリカの飢餓人口も増加傾向が続いてきた。

冷戦が終わると、米ソのアフリカへの関心も急速に薄らぎ、先進国の援助疲れもありアフリカへの援助は下降していった。東西体制の政治的枠組みの縛りがなくなり、グローバリゼーションが進行していったが、アフリカではその流れから取り残されていった。独立により自立が期待されたアフリカは、紛争、貧困、エイズなど負のイメージで見られていった。

ところが、紛争が終わりアフリカ各国に資源調査に立ち入ることができるようになり、資源価格が高騰したので、もともと豊富にあったアフリカの資源に注目が集まるようになった。救いの援助の対象であり様々な問題の研究対象であったアフリカは、資源ビジネスの投資対象国となってきた。

急成長するアフリカの社会・経済力

かつて欧州では「暗黒の大陸」とも呼ばれ、経済・社会の近代的開発が遅れているイメージが強かったアフリカだったが、近年では資源価格の高騰などを追い風に安定成長を達成した。日本や欧米のみならず中国やインドなど新興国の企業もこぞって進出してきた。

2013 年 6 月、日本で第 5 回アフリカ開発会議（TICAD）が開催された。39 名の国家元首・首脳級を含むアフリカ 51 カ国の他、多くの国、機関が参加し、4,500 名参加の過去最大のものとなった。そこで安倍首相は数々のアフリカ支援策を打ち出し、民間企業のアフリカ市場への進出も揚げた。そうしたことで

2013 年 6 月に横浜で開かれた、第 5 回アフリカ開発会議（TICAD）
（写真：久野真一／JICA）

IMFによるサブサハラ地域の経済成長率見通し

（単位：%）

		2010年	2011年	2012年（予測）	2013年（予測）	2017年（予測）
サブサハラアフリカ全体		5.3	5.1	5.0	5.7	5.8
南部アフリカ	南アフリカ共和国	2.9	3.1	2.6	3.0	4.1
	アンゴラ	3.4	3.9	6.8	5.5	5.3
	モザンビーク	7.1	7.3	7.5	8.4	7.8
	ザンビア	7.6	6.6	6.5	8.2	7.7
	コンゴ民主共和国	7.2	6.9	7.1	8.2	7.9
東部アフリカ	ケニア	5.8	4.4	5.1	5.6	5.9
	タンザニア	7.0	6.4	6.5	6.8	7.0
	エチオピア	8.0	7.5	7.0	6.5	6.5
西部アフリカ	ナイジェリア	8.0	7.4	7.1	6.7	6.7
	ガーナ	8.0	14.4	8.2	7.8	7.3
	コートジボワール	2.4	△4.7	8.1	7.0	7.8

出典：IMF「世界経済見通し」（2012年10月発表）より作成

アフリカに注目が集まっている。本格的な経済成長へ向けて政府間では数千億円規模の開発プロジェクトが次々と決定し、企業もアフリカの市場としての可能性に注目し本格的に進出へ動き始めた。

近年、アフリカ諸国の経済成長率は著しい。2012年度の経済成長率上位20位までにアフリカの国が10カ国も入っている。今後しばらくこの傾向は続くであろう。アフリカは資源が豊かなのに今まで経済発展しなかったことから、**「資源の呪い」**という言葉をアフリカに対して盛んに用いる人が多いが、経済発展だけでなく様々な問題を、資源があること、あるいは資源開発と絡めて「資源の呪い」と多用する人たちがいる。そのようにならないように適切な政策でアフリカ資源国を支援していく協力が大切である。

資源の呪い（Resource Curse）

資源が豊富で資源開発が行われているのに経済発展が遅れている現象を指す経済用語。かつて研究者たちは、ナイジェリア、ザンビア、シェラレオネ、アンゴラ、ベネズエラなどを例に挙げて「資源の呪い」を述べたが、韓国、台湾、香港、シンガポールなどアジアの新興国は資源がないが急速な経済発展をとげているし、カナダ、オーストラリア、ノルウエーなど資源国であり経済発展もしている国もある。世界全体を見ると、経済発展の遅れは資源があるなしではないことが容易にわかり、今日では「資源の呪い」は経済理論とは言えないと理解されている。しかしながら、アフリカ諸国には上述したように、これに当てはまる国が多いのも事実である。資源国の経済発展は、政策とガバナンスが要である。問題は経済社会の発展をどのような指標で評価するかであり、国際的また学術的統一見解が求められる。経済の現象を「呪い」といい、資源国の様々な問題を「資源を呪い視」していう言い方は不適切である。

援助対象から投資対象へ変貌

世界はこれまでアフリカに対し悲観と期待を抱いてきた。アフリカの多くの国々は独立すると自立に希望を抱いたが、独立後のアフリカ諸国は内戦と混乱に陥った。貧困とエイズが代名詞のようにいわれ、憐みと人道上の観点からの援助対象としか見られなかった。近年、紛争が終了してアフリカ諸国は順調に経済成長を遂げ出し、資源価格が高騰したことから、世界中の目がアフリカの資源に向けられてきた。

2013年6月の第5回アフリカ開発会議（TICAD）で安倍首相は、5年間でアフリカに向けて3.2兆円の資金移動を約束したが、そのうち援助は1.4兆円で、残りは民間投資である。さらにまた、インフラ整備の促進のために5年間で6,500億円の資金供与、5年間で3万人の産業人材の育成なども約束した。TICADは日本の対アフリカ政策の基本で、これまで開かれた第4回までは「アフリカの安定と開発のための協力」が重視されてきたが、第5回では日本にとっての利益という要素も明示的に盛り込まれ、キャッチフレーズは「援助から投資へ」と変わった。日本政府がWin-Winの原則を掲げたことは資源分野の政策と一致する。

アフリカへの投資の伸びを見るには、GDP全体に占めるFDI（海外直接投資）純流入額の比率を見ればよい。これはもはや東アジアとほぼ同水準で、海外からの関心の高さを示している。中国や韓国、インド、ブラジルなどでもTICADと同様の会議が開かれ、アフリカ取り込みの競争となっている。世界レベルでのアフリカブームとなっている。

国連貿易開発会議（UNCTAD）によると、2012年のアフリカ向けFDIは約470億ドル、そのうち鉱物・エネルギー資源への投資が約176億ドル、全体の約37％を占めている。その他は、電気・ガス・水道などが約64億ドル、輸送・通信関係が約29億ドル、食品関連が約22億ドルであり、圧倒的に鉱物・エネルギー資源への投資がアフリカ投資の牽引力となっている。

鉱物・エネルギー資源への需要は世界的にますます高まっており、アフリカでは新たな鉱物・エネルギー資源の発見が続いていることから、この傾向は続いていくであろう。日本企業の積極的進出を期待する。

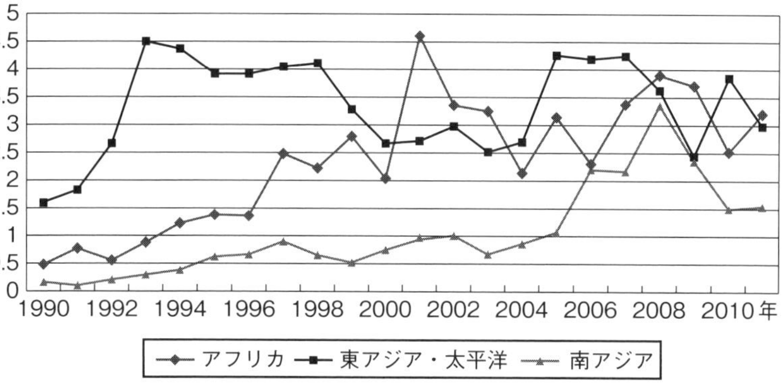

出典：World Bank, World Development Indicatorsデータベースより作成

海外直接投資順流入額の対GDP比（%）

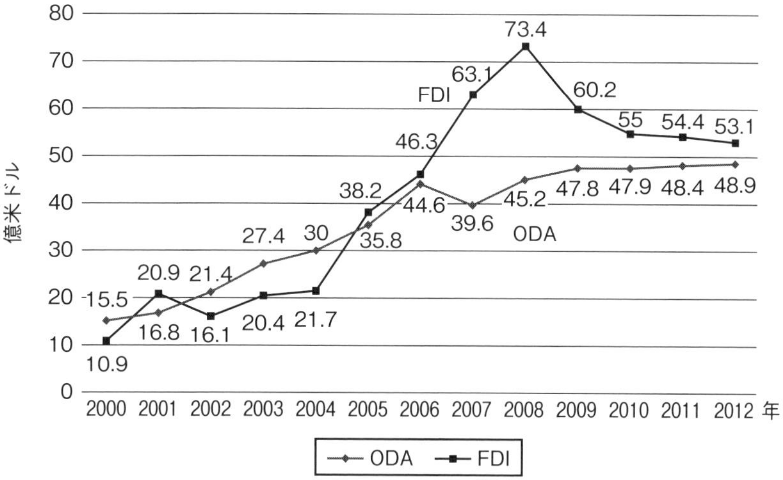

出典：Africa Economic Outlook 2012

対アフリカ政府開発援助（ODA）と海外直接投資（FDI）

アフリカ資源開発に向け二大プロジェクトが始動

日本の国際協力機構（JICA）では、アフリカにおける鉱業分野のWin-WINの関係構築を目指し二つの大きな事業を開始した。

一つは、鉱業分野の行政官・技官と教育者を育成する「**資源の絆**」プロジェクトである。これは、安倍首相が第5回アフリカ開発会議で提唱した「安倍イニシアチブ」（アフリカ全体で1,000名の若者に日本での人材育成の機会を提供する）とタイアップしているし、鉱業分野独特の特徴を配慮した別枠も用意している。さらにモザンビークでは、2014年1月の安倍首相の訪問時に300名の人材育成が宣言されている。人のつながりは何にも勝る両国の強いパイプとなり、資源確保、民間企業の進出の後押しになる。

もう一つは「**アフリカ地域鉱山環境保安情報収集確認調査**」である。中国の資源分野への参入は勢いがあり、当初はアフリカの資源国は歓迎していたが、資器材、技術者も中国から来るので当該国のメリットが少なくなるだけでなく、環境配慮に欠け対応を後回しにするため環境問題を起こし、資源国も考え出した。日本は鉱山環境保安に多くの経験を有し十分な対応をすることから、日本を見直す機運がある。この日本の強みを生かして資源国に貢献するため、南部アフリカの8カ国に対し、鉱山環境保安のデータを収集整備し、現地調査・アドバイスを行い、さらに技術供与・能力向上を行っていく事業である。

その他、日本の民間企業への直接支援では、石油天然ガス・金属鉱物資源機構（JOGMEC）、日本貿易保険（NEXI）、国際協力銀行（JBIC）などが各種サービスを用意している。

第2章

拡大する
アフリカの資源ポテンシャル

アフリカ各地で新たな埋蔵資源が次々と発見

アフリカ大陸には、世界中の国々が必要とする鉱物資源・エネルギー資源が全て揃っている。昔から鉱物資源・エネルギー資源の豊富さは知られていたが、近年まであちこちの国で内乱、国家間の紛争があり、資源調査が行われてこなかった。近年、各国の内乱が収まってきたことや資源価格の高騰により、アフリカの資源国自身は資源開発による経済発展の観点から、企業家・投資家は資源開発ビジネスの形成という観点から、このまま見過ごせなくなったことによりアフリカに資源ブームが起こってきた。

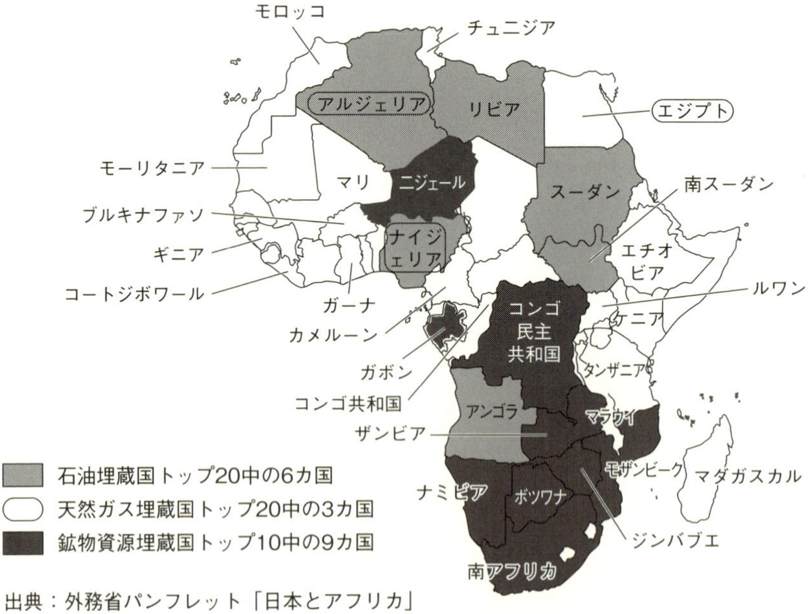

出典：外務省パンフレット「日本とアフリカ」

世界のトップ 10 & 20 に入るアフリカの鉱物・エネルギー資源埋蔵国

アフリカの資源の賦存状況

地域区分	国　名	資　源
南　部	アンゴラ	鉄鉱石、石油、天然ガス
	ザンビア	コバルト、プラチナ、銅、セレン
	ジンバブエ	プラチナ、クロム、リチウム、ニッケル、セシウム
	モザンビーク	チタン、ボーキサイト、天然ガス、石炭
	ナミビア	ウラン、マンガン、亜鉛、銅、鉛、銀、セシウム、石油、天然ガス
	ボツワナ	銅、プラチナ、コバルト、ニッケル、金、石炭
	南アフリカ	プラチナ、マンガン、バナジウム、クロム、金、レアアース、石炭
東　部	スーダン	クロム、金、石油
	ウガンダ	コバルト、タングステン、石油
	エチオピア	金、銅、亜鉛、タンタル
	ケニア	銅、鉛、亜鉛、ニッケル、金
	タンザニア	銅、金、チタン、ウラン、ニッケル、天然ガス
	マダガスカル	クロム、ニッケル、コバルト、プラチナ、ウラン、石炭
	ルワンダ	タングステン、スズ
中　央	ガボン	マンガン、石油、天然ガス
	カメルーン	鉄鉱石
	コンゴ民主共和国	コバルト、タングステン、銅、スズ、亜鉛、銀、石油、天然ガス
	赤道ギニア	天然ガス
西　部	ガーナ	金、マンガン、石油、ボーキサイト
	ギニア	ボーキサイト、金
	コートジボワール	マンガン、金、石油
	シエラレオネ	チタン、ボーキサイト
	ナイジェリア	スズ、鉛、石油、天然ガス
	ニジェール	ウラン、金、銀
	ブルキナファソ	マンガン
	マリ	金
	モーリタニア	鉄鉱石、金、石油、天然ガス
北　部	アルジェリア	亜鉛、鉛、石油、天然ガス
	チュニジア	亜鉛、石油、天然ガス
	モロッコ	コバルト、銅、鉛、亜鉛、銀、天然ガス
	リビア	石油、天然ガス

出典：経済産業省資料より作成

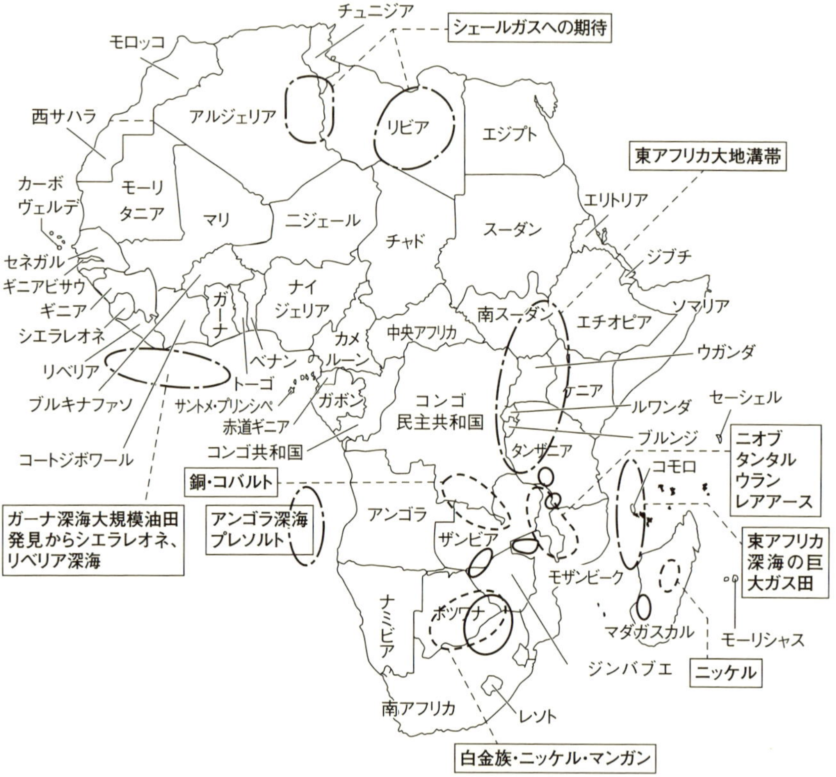

金属資源開発地域（銅・コバルト・白金族・ニッケル・ニオブ・タンタル・ウラン・レアアース・マンガン）

石炭開発地域（主要地域のみ、プロジェクト段階のもの含む）

石油・天然ガスの開発が有望視される地域

出典：「JOGMEC NEWS」2013年3月を元に作成

図 2-2　アフリカの金属・エネルギー資源のポテンシャル

地質構造的な観点から資源の胚胎が期待されていた地域に対してチャレンジ的な調査が行われた結果、新しい可能性が次々に現れてきた。

例えば、銅については、古くからコンゴ民主共和国とザンビアの国境地帯の**カッパーベルト**が知られており、多くの鉱山が操業し、いまも新しい鉱山が開発されているが、ボツワナ南部からナミビアに続く地帯が**カラハリ・カッパーベルト**として注目を集め、探鉱、開発が進んできた。

レアメタルについては、過去においては現在ほど注目されていなかったので探査も活発でなかった。見直されている地域としては、ケニア、タンザニアの東部海岸、マラウイ南部などが挙げられる。

白金族では、南アフリカの北部**ブッシュフェルト・コンプレックス**が昔から知られているが、近年、新しい大鉱床の発見が続いている。

石油・天然ガスでいうと、石油埋蔵量が豊富でかなり長期にわたって石油探鉱・生産企業が活発に活動してきた国々**旧フロンティア諸国**（ナイジェリア、ガボンなど）と、最近、次々と石油・ガスが発見され始めた国々**新フロンティア諸国**（モザンビーク、タンザニア、ケニア、ガーナ、リベリア、シェラレオネなど）がある。特に、もっぱらアフリカの西海岸側の沖といった構図であったのが、東アフリカのモザンビーク、タンザニア沖に巨大なガス田が発見されたことはセンセーショナルであった。東海岸は、経済の急成長を遂げる中国、インドを筆頭とするアジア市場へ直接海路で繋がっているため、期待は大きい。同じ東アフリカのウガンダ、ケニアでも石油が発見され、今まで石油が発見されなかった国々に対しても、地質構造上の用件がそろっていれば石油があるはずだとの期待が高まっている。

アフリカの**大地溝帯**（**グレート・リフト・バレー**）は、地殻変動により地表が裂けて谷になったもので、この一帯は地下のマントルの上昇流があり、地熱温度が高く、地熱発電に適していることは以前から分かっているものの具体的な調査は進んでいなかった。東部アフリカでは、大地溝帯はエリトリア、ジブ

アフリカのレアメタル・ダイヤモンド資源

	順位	1位	2位	3位	4位	5位		
クロム	国名	南アフリカ	カザフスタン	インド	―	―	その他	世界合計
	生産量（千t）	11,000	3,900	3,800	―	―	5,300	24,000
		46 %	16 %	16 %	―	―	22 %	100 %
	埋蔵量（t）	2億	2億2,000万	5,400万	―	―	NA	4億8,000万
コバルト	国名	コンゴ民主共和国	カナダ	中国	ロシア	ザンビア	その他	世界合計
	生産量（t）	52,000	7,200	6,500	6,300	5,700	20,800	98,500
		53 %	7 %	7 %	6 %	6 %	21 %	100 %
	埋蔵量（t）	3,400,000	130,000	80,000	250,000	270,000	―	7,500,000
ダイヤモンド	国名	コンゴ民主共和国	ロシア	オーストラリア	ボツワナ	南アフリカ	その他	世界合計
	生産量（カラット）	2,200万	1,500万	1,000万	700万	500万	500万	6,400万
		34 %	23 %	16 %	11 %	8 %	8 %	100 %
	埋蔵量（カラット）	1億5,000万	4,000万	1億1,000万	1億3,000万	7,000万	9,500万	6億
プラチナ	国名	南アフリカ	ロシア	カナダ	ジンバブエ	アメリカ	その他	世界合計
	生産量（kg）	139,000	26,000	10,000	9,400	3,700	3,900	192,000
		72 %	14 %	5 %	5 %	2 %	2 %	100 %
	埋蔵量	―	―	―	―	―	―	―
タンタル	国名	ブラジル	モザンビーク	ルワンダ	オーストラリア	カナダ	その他	世界合計
	生産量（t）	180	120	110	80	25	275	790
		23 %	15 %	14 %	10 %	3 %	35 %	100 %
	埋蔵量（t）	65,000	3,200	NA	51,000	NA	NA	120,000
バナジウム	国名	中国	南アフリカ	ロシア	―	―	その他	世界合計
	生産量（t）	23,000	20,000	15,000	―	―	2,000	60,000
		38 %	33 %	25 %	―	―	3 %	100 %
	埋蔵量（t）	510万	350万	500万	―	―	NA	1,400万

出典：USGS（米国地質調査所）「Mineral Commodity Summaries 2011」を元に作成

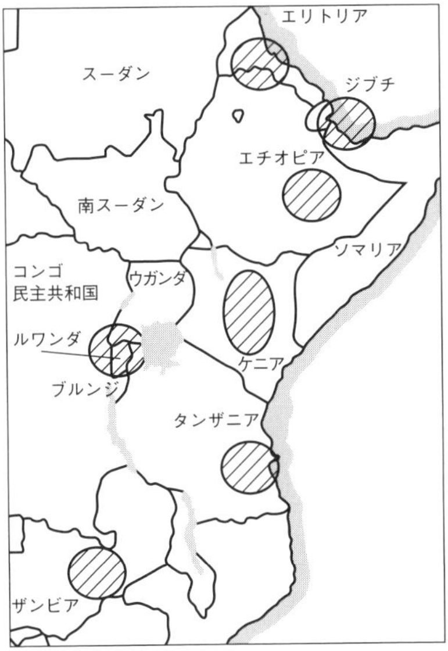

東部アフリカの地熱地帯

チ、エチオピア、ケニア、ウガンダ、タンザニアを含んで南北に走っている。近年、低炭素の発電として地熱に注目が集まり、かつ各国も経済発展のための電力確保の必要性が高まったことから、地熱調査が特にケニアにおいて進み、いくつかの地熱井が掘削に成功し大きな発電所の建設に至っている。それに牽引されるように各国でも調査が進んでいる。JICA もケニアにおいて地熱掘削、発電所建設で協力している。

アフリカを舞台とする資源争奪戦

アフリカを舞台とする各国の資源確保戦略は３通りに分けられる。

① 欧米各国などのように資源探査開発参入は資源ジュニア・カンパニー、資源メジャー・カンパニーに任せ、各国地質調査所が世界銀行などのプロジェ

クトに参加し、地質資源情報を収集する。

② 中国に代表されるように資源を担保にした資金支援とか、建物・インフラを建設し見返りを資源で受け取り、自国の各州機関、企業の参入は自由に行わせる。

③ 日本などのように技術協力などの資源国への支援、国の企業支援ツールなどにより企業の資源国への参入を支援する。

新しい鉱床の発見は資源ジュニア・カンパニーに任せ、発見した鉱床の権益を資源メジャー・カンパニーが買い取り開発する仕組みが鉱業界で定着している。これにより資源産業のピラミッドが形成されるようになった。アフリカの資源ブームに乗じて多くのジュニア・カンパニーが参入しているが、その動向は正確には分からない。近年では、中小規模の鉱床ではジュニア・カンパニーがそのまま開発を手掛ける傾向も出てきた。

資源メジャーの動きであるが、南アフリカを拠点とするアングロアメリカン社は、同社の企業戦略として、鉄鉱石、プラチナ、石炭、ダイヤモンドの４鉱種に特化することを挙げている。同社の主要鉱山は、南アフリカにシシェン鉄鉱山、モガラクウエナ、ツメラ、ウニオンの３つの白金鉱山を有している。

南アフリカの白金族業界は、アングロ・プラチナ社、インプラット社、エクストラタ社の３社を軸に再編が行われていくとの見方もある。なお、エクストラータ社はスイスの商品取引大手グレンコア社と2013年に合併した。

ブラジル資源大手のヴァーレ社は、鉄鉱石およびニッケルのほかに多角化を目指し、モザンビークでの石炭生産やザンビアでの銅生産を強化している。同じくポルトガル語圏のアンゴラにおいても同国のジェニマス社と合弁企業ジェヴァーレ社を設立して鉄・ニッケル・銅・ダイヤモンドを対象とした探査を行っている。同社は、ザンビア、コンゴ民主共和国の銅・コバルトプロジェクト、およびナミビアの金プロジェクトの権益を50：50で取得、合弁で探鉱・開発事業を行う。同社は銅鉱業を重要な発展戦略の柱の一つと位置付けており、

アフリカのカッパーベルトへの進出もその一環としている

リオティント社は、マダガスカル東海岸にイルメナイト鉱山を有する。

世界銀行は、アフリカ資源国の経済発展に資源を有効に活用することを考え、そのために、鉱業法整備、空中物理探査・地質調査などの基礎調査、データ整備・GIS 構築などを実施している。すでにマダガスカルなどで実施済みで、マラウイなどで実施中である。これらの調査には、アメリカ、イギリス、フランス、ドイツなどの地質調査所が入っている。また、世界銀行は IMF と共に、アフリカに自由化と構造改革を条件に資金を提供し、資源分野にも及んでいる。

スウェーデンなど自国に有力な鉱山会社を有する国は、ザンビア、ボツワナなどを拠点に、双方の国の鉱山現場を利用した研修などを行い、技術・鉱山機械の売込みなどにつなげている。

特記されるのは、ボツワナでは、世界銀行が行うようなプロジェクトを国家予算で実行しようとして進めており、すでにコントラクターも決めている。重要な課題は、プロジェクトの施工管理、得られたデータをいかに身に着けて活用するか、それに伴う人材育成などである。

このように、国際機関、二国間協力、ジュニア・カンパニーやメジャー・カンパニーなど、いろいろな機関がアフリカの資源開発に参入している。

中国のめざましいアフリカ進出

中国のアフリカ進出は特異で、政府と企業の役割分担がはっきりしない。それと中央政府と地方政府の区別も釈然としない。援助に関しても中国はどうも独立採算制らしく、日本の JICA のような援助機関が存在せず、案件ごとにさまざまな機関が請け負う形になっている。機動的といえば機動的であるが、調整が取れていないと言えば取れていないと言える。

例えばケニアでは、江蘇省地質探鉱技術研究所が、鉱物資源探査を目的とし

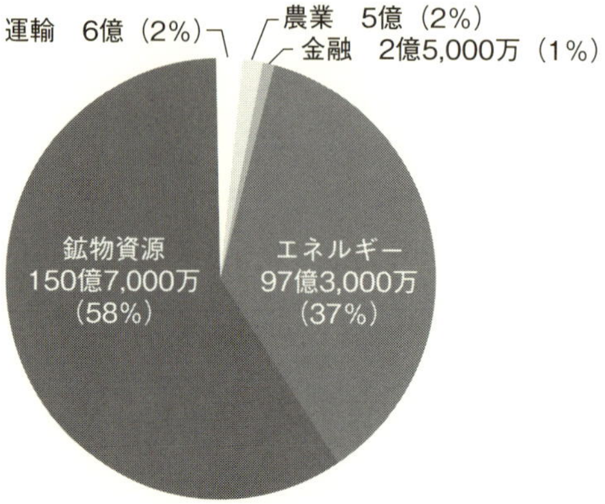

投資額：261億5,000万米ドル

出典：Heritage財団のデータを元に作成

中国企業の対アフリカ投資のセクター別内訳

たケニア全土の空中探査を実施することでケニア政府と合意した他、エチオピアでは中国金属鉱山探査開発局とエチオピア鉱山省・地質調査所が協力に関わるMOU（了解覚書）を締結したことにより、重慶市鉱山局がエチオピア国内の南部および南西部のエリアに対し地質図作成を行うこととなったりするのである。

鉱山開発、インフラ工事のため多くの中国人がアフリカに移り住んでおり、一説にはアフリカ全土で85万人とか100万人とかの数の中国人が住んでいると言われている（ちなみに日本人は7,000人）。こうした集中豪雨的な中国のアフリカ進出だけでなく、中国の開発・建設は、資器材を中国から搬入し、技術者・労働者を中国から連れてくるので、現地に何もメリットがないとの資源国の不満が高まってきた。このため、最近になり中国はしきりにWin-Winを提唱し、供与した資金で病院、学校などを建設している。

しかし、ガーナなどの金の小規模違法採掘地帯には、政府がコントロールできないところで、4万人という数の中国人が入り込んで現地の富を採取すると

中国のアフリカでの鉱物資源分野における主な投資案件

年	投資企業名	投資対象国	鉱種
2006	中国有色金属	ザンビア	銅
2007	中国有色金属	ザンビア	銅
2007	SinoSteel	ジンバブエ	鉄鉱石
2008	中国核工業集団	ニジェール	ウラン
2008	中国輸銀	コンゴ民主共和国	銅
2008	中国中鉄、中国水利水電建設	コンゴ民主共和国	銅
2009	五鉱資源有限公司	南アフリカ	クロム
2009	五鉱資源有限公司	南アフリカ	クロム
2009	中国有色金属	ザンビア	銅
2009	金川集団	ザンビア	ニッケル
2010	金川集団	タンザニア	ニッケル
2010	中国核工業集団	ニジェール	ウラン
2010	China Railway Materials	シエラレオネ	鉄鉱石
2010	金川集団、中国アフリカ開発基金	南アフリカ	プラチナ
2010	Chinalco	ギニア	鉄鉱石
2010	CIF（中国国際基金）	ギニア	鉄鉱石
2010	Bosai Minerals	ガーナ	アルミニウム
2011	中国輸銀	ニジェール	ウラン
2011	山東鋼鉄集団	シエラレオネ	鉄鉱石
2011	Sinosteel	ジンバブエ	クロム
2011	金川集団	南アフリカ	銅
2012	五鉱資源有限公司	コンゴ民主共和国	銅

出典：Heritage 財団のデータを元に作成

中国による資源を担保にした融資の例

国　名	プロジェクト内容	担保資源	年	中国の融資額
スーダン	発電所建設	石油	2001	1 億 2,800 万ドル
コンゴ民主共和国	鉄道、道路、その他のインフラ	銅・コバルト	2008	60 億ドル
コンゴ共和国	コンゴ川ダム	石油	2001	2 億 8,000 万ドル
ガボン	鉄鉱床開発、インフラ	鉄鉱石	2006	30 億ドル
アンゴラ	インフラ建設	石油	2004	10 億 2,000 万ドル
ジンバブエ	炭鉱建設、火力発電所	クロム	2006	
ナイジェリア	発電所建設	石油	2005	2 億 9,800 万ドル
ガーナ	ダム	ココア	2007	5 億 6,200 万ドル
ギニア	ダム	ボーキサイト	2006	10 億ドル

出典：OECD Development Centre Report を元に作成

プレスティージ・プロジェクトの例（2000～2005 年）

国　名	完成年	案件名	国　名	完成年	案件名
スーダン	2004	国際会議場	カーボベルデ	2001	モニュメントおよび 500 席収容ホール
ルワンダ	2004	会議場ホール	ギニア	2005	人民会館
モーリタニア	2001	大統領府	ウガンダ	2004	外務省庁舎
ザンビア	2003	合同庁舎メインビル内装	ジブチ	2003	内務省庁舎
コンゴ民主共和国	2001	人民会館・スタジアムのメンテナンス	ベナン	2003	スタジアムメンテナンス
コンゴ民主共和国	2004	外務省会議場リペア	ニジェール	2000	スタジアム・体育館の部分的メンテナンス
コンゴ民主共和国	2005	大統領宮殿のネットワーク整備	マリ	2001	5 万人収容スタジアム
ガボン	2005	上院ビル	モザンビーク	2003	会議センター
ガーナ	2005	国立劇場改修	コモロ	2005	人民宮殿修復

出典：「中国の援助政策―対外援助改革の展開―」JBIC 開発金融研究所報 2007 年 10 月

いうことで、ガーナ人ともめごとが絶えない状況は今も続いている。

外国人が思っているような包括的戦略が中国にはないと著者は聞いた。例えば、中国には石油に関する国有企業が3社あるが、その3社が調整をせずに勝手に動いていると言う。しかし政府に関しては、先進国のようにいちいち議会を気にしたり、日本のように政治家が年間3分の1を国会に拘束されていたりといったことがないので機敏に動くことができ、出足が鋭いのは確かである。

中国のアフリカにおける投資は、約6割が鉱物資源であり、続いてエネルギー分野で、この二つでほとんどを占める。いかに資源エネルギーの確保先としてアフリカを重視しているかということである。アフリカでの鉱物資源分野での主な案件を表に掲げる。

中国は資源を担保にした融資（アンゴラモデル）を展開している。さらに中国は、支援する国へ大統領府や国会議事堂、ナショナル・スタジアムなどの建設、威光を示すプロジェクト（プレスティージ・プロジェクト）が特徴であり、

中国が建設寄贈したマラウイの国会議事堂

当該国の統治者にとっては大きな支援となる。このため、中国に傾きやすくなる。著者はそのような建物を、マラウイ、コンゴ民社共和国で見た。そのスケールには圧倒されるものがある。

遅れを取っていた日本も挽回に動き出した

日本の総合商社の資源分野での機能は変化してきている。資源プロジェクトの鉱産物の貿易取引だけに留まらず、最近では事業コーディネーターとして国際的に活躍するケースが多い。ある資源事業プロジェクトを立ち上げ、プロジェクトに商社自らが出資し、そこで鉱山運営まで関与して中核的役目を果たし、貿易へと導いていき、貿易による収益だけでなく事業収益も上げるといったスタイルである。

住友商事はマダガスカルのニッケル鉱山開発を行った。豊田通商は、スーダン南部の油田地帯からケニア沿岸部に至る石油パイプライン建設計画を打ち出した。伊藤忠商事はナミビアでウラン権益の獲得に動いている他、南アフリカで白金鉱山の開発を進めている。ケニアの地熱開発にも日本企業は参入している。

新日鉄住金は、モザンビークの石炭権益の獲得に乗り出している。40年ぶりにコンゴ民主共和国やザンビアの銅鉱床にも参入したいという動きも出てきた。タンザニア、モザンビーク沖の天然ガス、ガーナ沖の天然ガスなどにも日本企業の参入が見られる。

日本政府は、国際協力機構（JICA）や、石油天然ガス・金属鉱物資源機構（JOGMEC）の機能を活かして事業を展開し、日本企業の支援あるいは先兵隊としての役目を果たそうとしている。JICAは、JOGMECが設立されるまでは旧・金属鉱業事業団（現JOGMEC）に委託して資源開発協力基礎調査という事業名で途上国の金属鉱物資源・調査をアフリカの11カ国21地域において

JICA のアフリカでの鉱業分野における実績

国　名	案件名	実施年度
タンザニア	天然ソーダ灰開発計画調査	1975～1976
ウガンダ	鉱山・製錬所、リハビリテーション	1980～1981
ザンビア	リン鉱石開発計画調査	1984～1985
モロッコ	探査技術向上	1998～2002
モーリタニア	鉱物資源開発戦略策定調査	2003～2005
ザンビア	地質・鉱物資源情報整備調査	2007～2010
マダガスカル	地質・鉱物資源情報整備調査	2008～2011
マラウイ	シニアボランティア派遣	2008～2011
ザンビア	GIS データベースマネジメント	2010～2011
マラウイ	地質鉱物資源情報整備計画	2012～2013
アンゴラ	研修員受入／専門家派遣	2011～2013

出典：JICA 資料から作成

JOGMEC のアフリカでの鉱業分野における展開

国　名	活動内容
南アフリカ	鉱害防止セミナー 金属資源探査・融資、石油融資
ナミビア	石油融資
ボツワナ	金属資源探査・融資
モザンビーク	石炭探査、石油ガス探査・融資、金属資源探査
マラウイ	金属資源探査
タンザニア	金属資源探査
ケニア	石油探査
コンゴ民主共和国	石油融資
ガボン	石油融資
ガーナ	石油融資

出典：JOGMEC 資料から作成

29 プロジェクトを実施した。

アフリカでの鉱山開発に共通する課題

2012 年、南部・西部アフリカの 13 か国の鉱業担当大臣らが集結し、講演を行った。これら各国の鉱業政策の課題の共通点をまとめると、以下のようになる。

① 鉱山開発によって産業開発・経済発展を実現する。

② 鉱山開発は民間セクター主体で進められるべきものである。

③ 鉱山開発には外資による投資の促進が必要である。

④ 外資による投資の促進には、魅力ある鉱業投資法制度と地質探査情報の整備が不可欠である。

⑤ 地元企業・地域社会の鉱山開発への参加と応分の利益配分を確保する。

⑥ 鉱山開発から製造業へ、原材料から最終製品へと高付加価値化を図っていく。

⑦ 鉱山開発に必要なインフラを整備すると同時に産業活性化に役立てる。

⑧ 政府、並びに業界の人材育成を図る。

アフリカでの鉱業分野への参入を図る国と企業にはこれらを念頭に置いて、Win−Win の関係構築を図りながら参入していくことが成功への鍵である。

資源ナショナリズムの台頭

資源価格が高騰し、アフリカの資源への参入が加速され始めると、資源保有国は資源からの利益を最大限にしたいと思うようになる。もちろん、鉱物資源は当該国の地下にあり、枯渇する宝であるから、最大限の価値を生み出させないと浪費になってしまうので、基本的には資源ナショナリズムは理解できる。

しかしながら、参入する企業は探査と開発工事に大きな投資を強いられ、大きなリスクを抱えているわけだから、開発後に元を取り戻したいわけである。したがって、極端な資源ナショナリズムの政策は企業の参入意欲を削ぐことになる。

かつて1960～1970年代に起こった資源ナショナリズムは、植民地状況からの脱却、反動で鉱山国有化など激しい手段がとられたが、それらは技術力のなさ、マネージメント力のなさから、ことごとく失敗し、その後、鳴りを潜めていた。

現在の資源ナショナリズムは、資源価格の高騰を背景にしており、次のような手段が取られている。

① 国有化および外資制限

資源ナショナリズムの最も強い国では、少数ではあるが国有化が見られる。アフリカでは聞かないが、南米のボリビア、ベネズエラなどでは行われている。また、ナミビア、ロシアや中国などで戦略的資源への外資制限がある。

② 高付加価値化義務

近年取られ始めた手段で、未加工鉱石を輸出禁止とし、鉱石を地金あるいは加工品など加工度を上げなければ輸出できないと義務付ける。これは資源保有途上国に広く広がりだした。アフリカでは南アがこの策を取っている。よく資源ナショナリズムから製錬所の建設を求められるが、施設が出来ればよいといった単純なものでなく、多くの要因がからみ、ビジネスとして条件が整っていないと失敗する。

③ 輸出数量制限の設定

鉱石などの輸出に一定の制限を設けるもので、中国でのレアアースの制限は記憶に新しい。

④ 資源国資本の参加

資源国政府もしくは国営企業、公社が当該国における鉱山の権益を取得することを義務付けるもので、多くの国で採用され始めている。取得権益の割合は国によって違うが、10％が多い。しかし、ジンバブエのように51％を政府に譲渡することが定められると、実質的に経営権を剥奪されることとなる。

⑤ 国営企業設置や国営企業による探鉱活動

国営企業が設置され、この国営企業に優先的に探鉱権や採掘権が付与される。ナミビアなどで採用している。したがって参入企業は否応なしに、あるいは優良プロジェクトを獲得するために国営企業と組まざるを得なくなる。

⑥ 鉱業関連税あるいはロイヤルティの増額

オーストラリアなど先進国でも自国の資源を守るために広く用いられる手段である。アーネストヤング社の調べによると、18カ月間で25カ国以上の国で、何らかの関連税金、ロイヤルティを引き上げたか、上げる方針を打ち出したという。

アフリカに参入を希望する企業は、その国の条件と動向をよく調べ、掴んでおくことが肝要である。また、そのための支援を日本の政府機関が担っていくべきであろう。

第3章

資源国の開発ポテンシャルとビジネスチャンス

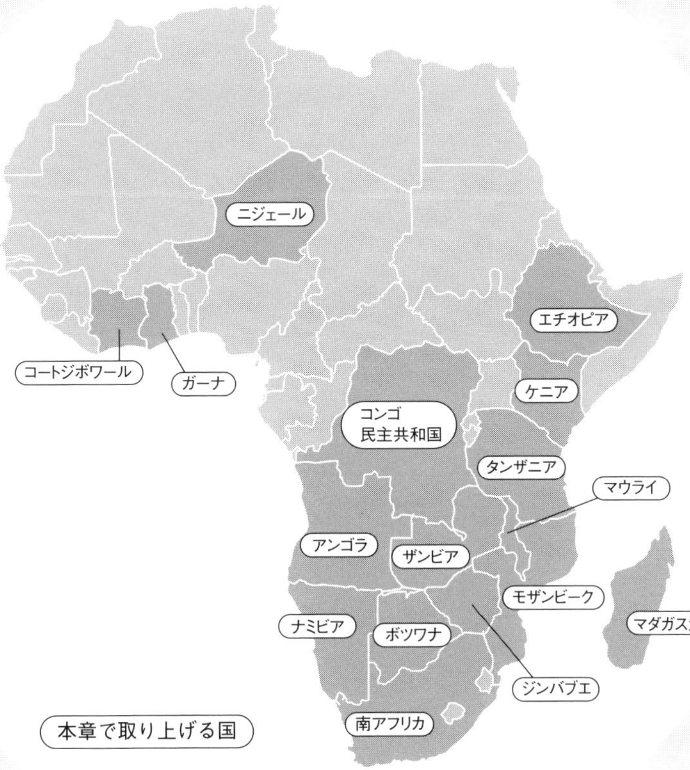

南アフリカ

鉱業国から工業国に成長

アフリカ大陸の南部先端に位置している**南アフリカ共和国**（以下、南ア）は、世界の上位に位置する多種多様な鉱物資源を有している。南アの鉱業は南ア経

南アフリカの鉱物資源埋蔵量

鉱　種（単位）	南アフリカ（A）	世界（B）	A/B（%）	ランク
白金族金属（t）	63,000	66,000	95.5	1
ハフニウム（t）	28 万	66 万 4,000	42.2	1
マンガン鉱（t）	1 億 5,000 万	6 億 3,000 万	23.8	1
クロム鉱（t）	2 億	4 億 8,000 万	41.7	2
ジルコニウム（t）	1,400 万	5,200 万	26.9	2
ルチル（t）	830 万	4,200 万	19.8	2
金（t）	6,000	51,000	11.8	2
バナジウム（t）	350 万	1,400 万	25.0	3
イルメナイト（t）	6,300 万	6 億 5,000 万	9.7	4
アンチモン（t）	21,000	1,800,000	1.2	5
トリウム（t）	35,000	1,400,000	2.5	6
ニッケル（t）	370 万	8,000 万	4.6	7
鉛（t）	30 万	8,500 万	0.4	13
鉄鉱石（t）	6 億 5,000 万	800 億	0.8	14

出典：Mineral Commodity Summaries 2012

済の重要な位置を占めているだけでなく、世界経済における鉱物資源の重要な供給ソースともなっている。南アの主要金属鉱石生産は、銅、鉛、亜鉛、ニッケル、白金、金、クロム、鉄鉱石、アンチモン、マンガン、チタン、ウランなどであり、鉱物資源の埋蔵も生産も豊富な国である。南アが世界一の埋蔵量を誇るのは、白金族金属（主として白金、パラジウム、ロジウム）、マンガン、

南アの鉱物資源生産量

鉱　種	南アフリカ（A）	世界（B）	A/B（%）	ランク
クロム鉱（t）	1,076万2,000	2,692万5,000	40.0	1
プラチナ鉱（t）	148	199	74.5	1
マンガン鉱（t）	869万3,000	4,592万8,000	18.9	2
チタン鉱（t）	97万5,000	509万7,000	19.1	2
バナジウム鉱（t）	20,000	60,000	33.3	3
金（t）	187	2,589	7.2	5
アンチモン鉱（t）	2,400	153,742	1.6	6
ニッケル鉱（t）	4万3,000	183万1,000	2.4	10
ニッケル地金（t）	3万6,000	166万2,000	2.2	11
アルミニウム地金（t）	80万8,000	4,462万4,000	1.8	11
鉛鉱（t）	5万5,000	470万	1.2	11
鉛地金（t）	5万8,000	1,003万9,000	0.6	24
ウラン鉱（t）	556	51,875	1.1	12
コバルト地金（t）	840	82,247	1.0	14
銀鉱（t）	74	23,756	0.3	20
銅鉱（t）	10万8,000	1,624万2,000	0.7	21
銅地金（t）	7万9,000	1,979万1,000	0.4	29
亜鉛鉱（t）	3万7,000	1,276万2,000	0.3	22
亜鉛地金（t）	7万3,000	1,314万	0.6	26

出典：World Metal Statistics Yearbook 2012
Mineral Commodity Summaries 2012（バナジウム）

ハフニウムであり、埋蔵量二番目は、金、クロム、ルチル（チタン）、ジルコニウムである。

南アは日本の必要とする鉱物資源を豊富に有しているが、アパルトヘイトに代表される人種差別政策により日本は長い間貿易を禁じていた。アパルトヘイトの撤廃により日本は現在、白金輸入の約 70 %、マンガン鉱石（鉄鋼の原料）輸入の約 65 %、フェロバナジウム輸入の 50 %、フェロクロム輸入の約 40 % 強（以上は南アが日本の輸入先の一番）を南アに依存している。

南アから日本への鉱物資源輸入量

鉱　種	南アフリカ（A）	世界（B）	A/B（%）	ランク
ニッケル地金（t）	6,800	4 万 1,000	16.7	1
フェロクロム（t）	34 万 9,000	79 万 7,000	43.8	1
クロム地金（t）	85	3505	2.4	5
クロム鉱（t）	3 万 6,000	10 万 4,000	34.4	2
マンガン鉱（t）	62 万 4,000	95 万 8,000	65.2	1
フェロマンガン（t）	2 万 2,000	11 万	20.3	3
フェロシリコマンガン（t）	4,200	25 万 3,000	1.7	7
フェロバナジウム（t）	2,425	4,792	50.6	1
五酸化バナジウム（t）	480	2,011	23.9	2
白金族金属（kg）	95,149	139,812	68.1	1
ジルコニウム鉱（t）	1 万 9,000	6 万 4,000	29.6	2
チタン鉱（t）	6 万 1,000	32 万 6,000	18.9	3
銑鉄（t）	3 万	32 万 2,000	9.4	3
鉄鉱（t）	460 万	128	3.6	3
アルミニウム地金（t）	17 万 1,000	162 万 2,000	10.5	4
コバルト地金（t）	1.0	11,746	0.0	18

出典：財務省貿易統計

南アの主要鉱物資源

● 金

世界の金の鉱石主要生産国は、2011年で中国（1位）、オーストラリア（2位）、米国（3位）、ロシア（4位）、南ア（5位、世界の7.2％）、ペルー（6位）、カナダ、インドネシア、ウズベキスタン、ガーナなどで、上位5カ国で47.6％を産する。

南アの金の埋蔵量は世界の約12％を占めて2位である。1886年にヨハネスブルグ近郊で金鉱脈が発見されたことをきっかけに、金の採掘・生産が急速に増加し、最盛期には世界1位となった。南アの産業多様化、世界各地での金生産開始により世界1位の座を譲ったものの2011年には世界生産の7.2％を占めて5位となった。

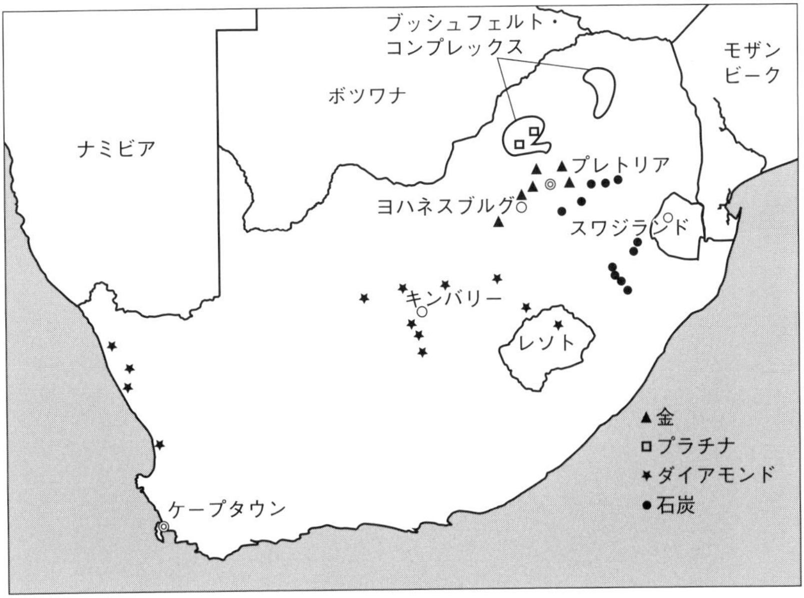

南アの主要鉱山

モアブ・ホッソン金鉱山の坑内

モアブ・ホッソン金鉱山の坑内作業

南アの金鉱床帯の岩石は堅固であり、鉱脈は地中深く伸びている。長期間に渡って金の採掘が続けられ、地下深くに掘削が進み、現在では、地下3,000mを超える採掘となっている。このため採掘コストは上昇していき、かつ鉱山労働者の賃金の上昇もあって、近年の金生産量は減産傾向にある。1984年の840トンをピークに2011年には187トンになった。

南アの最大の金鉱山は、ヨハネスブルグの西70kmに位置するドリエフォンテイン鉱山（17.5トン）で、ゴールドフィールズ社の所有である。他にはクルーフ鉱山、ムポネン鉱山、モアブ・ホッソン鉱山がある。南アの代表的な金鉱山会社は、アングロゴールドアシャンティ社、ゴールドフィールズ社、ハーモニーゴールド社などである。

金埋蔵量がまだ豊富であるし、今後の探鉱による新しい鉱床の発見の可能性もあり、今後も金産業は栄えるであろう。

● 白金族（PGN）

世界の白金族の生産国は、2011年は、プラチナ（鉱石）では1位の南ア（世界の72.4％）に続いて、2位ロシア、3位カナダ、4位米国、5位コロンビア、などであり、上位5カ国で世界の93.6％を産する。パラジウムでは、1位のロシア、2位の南ア（世界の37.7％）、3位カナダ、4位米国、5位ジンバブエなどであり、上位5カ国で97.1％を産する。

南アの白金族の埋蔵量は世界の95.5％を占める。白金族のうち2011年のプラチナの生産量は139トンで世界第1位、2011年のパラジウムの生産量は78トンでロシアに次ぐ世界2位であった。南アの白金の生産量は、2001年から2004年にかけて大幅に増加した。その理由は、自動車の排気ガスを浄化する触媒、液晶画面、電子部品の原材料としての白金の需要が世界的に高まったからである。今後も白金の需要は環境規制とともに高まっていくであろう。投機筋の白金族への介入も価格を押し上げ、生産を高めている。

ブッシュフェルト白金鉱山の堆積場と貯水池

南ア最大の白金族鉱床地帯は、同国北部に位置するブッシュフェルト・コンプレックスである。ここは、世界最大の白金族資源の生産と埋蔵を誇る。西ブッシュフェルトだけで世界の白金の67％があると言われている。この地帯で、伊藤忠商事、日揮、JOGMECで形成されるコンソーシアムが権益10％を有するプラット・リーフ・プロジェクトは、オペレーターで探鉱権を有するアイバン・プラット社により2013年6月に採掘権を申請し、開発に大きく前進した。また、JOGMECはプラチナ・グループ・メタル社と共同探鉱のウォーターベルグ・プロジェクトで、プラチナ、パラジウム、金の合計金属量で約315トンを獲得した。ここには、南ア最大の鉱山であるインパラプラチナ社のインパラ鉱山、ロンミン社のマリカナ鉱山がある。南アの白金の生産会社としては、アングロアメリカン社の子会社のアングロプラチナ社、インパラプラチナ社がある。白金の需要は今後も伸びるであろうし、生産を押し上げるであろう。

● マンガン

鉄鋼生産に必要なマンガンも南アの重要な鉱産物である。2011年で埋蔵量は、1位南ア（世界の23.8 %）、2位ウクライナ、3位ブラジル、4位オーストラリア、5位インドであり、上位5カ国で87.1 %を占める。生産量も世界1位(24.3 %）であり、あとは2位中国、3位オーストラリア、4位ガボン、5位インドと続く。生産は中央北部に集中している。サマンコール社のホタゼル鉱山、アスマン社のチュワニン鉱山、グロリア鉱山などが主力鉱山である。

●クロム

クロムも鉄鋼生産に必要な南アの重要な鉱産物である。2011年で埋蔵量は、カザフスタン1位、南アフリカ2位（世界の42.1 %）、インドと続き、以上3カ国で99.9 %になる。生産量は、南アが1位（世界の40 %）、カザフスタン、インドと続く。主な生産地は、ブッシュフェルト・コンプレックスに集中しており、サマンコール・クロム社とエクストラータ社が生産の中心企業である。

●鉄鉱石

鉄鉱石の南アの埋蔵量は、2011年で世界14位、鉱石生産量は世界8位である。南アの鉄鉱石生産は北西部に集中している。主要鉱山はシシェン鉱山である。

●石炭

石炭の南アの埋蔵量は、2008年で世界9位（1位は米国)、生産量は6位（1位は中国）である。生産量の7割が国内向けで、そのうち6割が発電に、残りは液化燃料用や産業利用に向けられている。輸出量は世界5位（1位はオーストラリア）で、白金、金などと共に主要な輸出品となっている。

●ダイヤモンド

米国地質調査所によれば、2007年の世界全体のダイヤモンド生産量は約1億6,900万カラットで、上位5カ国で世界全体の約80 %を占める。アフリカでは多くの国でダイヤモンドが産出されており、上位10カ国におけるアフリカ合計の世界全体に占める割合は約52％である。アフリカ勢は、2位ボツワナ、3位コンゴ民主共和国、6位南ア、7位アンゴラ、8位ナミビア、10位ギニアであり、南アの生産は1,520万カラットであった。南アの生産のほとんどは、世界最大のダイヤモンド生産・販売会社であるデビアス社が担っている。

鉱物依存経済からの脱却

南アの経済は、2000年代に入ってからはインフレが安定する中で堅調な成長を続けており、BRICSの一員として国際社会でのプレゼンスも一層拡大し

南アのGDPの産業別構成

	1980年	1990年	2000年	2005年	2009年
一次産業	26.8	13.8	10.8	10.2	12.8
（農林水産業）	6.2	4.6	3.3	2.7	3.0
（鉱業）	20.6	9.2	7.6	7.5	9.7
二次産業	27.8	30.9	24.2	23.3	21.4
（製造業）	21.6	23.6	19.0	18.5	15.1
三次産業	45.4	55.3	64.9	66.5	65.8
（商業・ホテル・飲食業）	11.6	14.3	14.6	14.0	13.3
（金融・不動産）	10.9	13.7	18.6	21.4	21.7
（一般政府サービス）	10.0	14.3	15.9	15.3	5.9

出所：南アフリカ統計局

南アの産業別輸出構成比

輸出総額	食品	鉱物資源	輸送機械など	その他
100.0％	9.3％	61.8％	7.7％	21.1％

2010年第3四半期時点
出所：南アフリカ統計局

ている。一方、失業率は恒常的に20％を超える水準が続くなど課題がある。政府は、2010年11月の新成長戦略で大規模な雇用拡大を政策の最重点課題とした。南アは1980年代まで鉱業への依存度が高い経済であった。このため、金属価格の動向に大きな影響を受けていたが、政府は輸出産業の多角化を図るため、1995年に自動車産業振興のプログラムを導入し、国際競争力の強化を図った。現在は金融、製造業が鉱業に並ぶ産業の柱として育っており、資源産業への依存が低下している。(1980年に全産業の名目GDP構成比の20.6％を占めていた鉱業は、徐々にその割合を下げて2009年には9.7％となった。)

これは、鉱業を産業のスターターとして経済発展のきっかけとして経済を牽引させ、引き続き産業の多様化が図られていった発展の道である。また、資源産業へ依存するといっても、金、白金族、マンガン、ダイヤモンド、石炭など鉱種も違い、マーケット・ビジネスモデルも違う多様な資源を有しており、リスク分散が働いている。しかしながら、金などに代表される採掘深度増加によるコスト上昇、黒人労働者の権利保護などからくる賃金コスト上昇など課題も多い。「**中進国の罠**」が南アの経済発展の課題となるようになってきた。この対応には、労働政策の見直し、生産性向上、などの政策が必要であるが、人種間格差問題なども絡み前途は容易ではない。

中進国の罠

豊富な労働力で、ある程度の経済発展段階に達した中進国が、低賃金に依存していた発展モデルに依存できなくなる一方で、先進国には技術面で追いつけずに成長の限界に直面することをいう。中国も今、この課題に直面しつつあるといえる。

アパルトヘイトの撤廃で鉱産物の輸出拡大

1948年に法制として確立されたアパルトヘイトは、国民を白人、カラード、アジア人、黒人に分け、カラード、アジア人、黒人は選挙権、就業、居住、教育、恋愛・結婚などで差別を受け、違反した場合の罰則も設けられていた。南アは鉱物資源に恵まれていたのにアパルトヘイトが長い間、鉱業の世界的展開を阻害してきた。1991年にマンデラ大統領がアパルトヘイトの撤廃の方針を示し、1993年10月に国連総会において経済制裁の撤廃が決議され、貿易の再開となった。

アパルトヘイトの下で不利な立場に置かれてきたカラード、アジア人、黒人の3つの人種は今日、**黒人権利拡大政策**（Black Economic Empowerment：**BEE**）の対象となっている。BEE政策の土台となっているのは、2003年に制定されたB-BBEE法（Broad-Based Black Economic Empowerment Act）であるが、その他にも、広義のBEE政策を構成する数多くの関連法令がある。2008年から中国系南アフリカ人も含まれることとなった。BEE政策の対象となるには、人種だけでなく、「南アで生まれた」などの細かい条件も規定されている。

BEE政策は様々な規定と指標が設けられている。鉱業はアパルトヘイト時代以来、白人の経済支配を象徴する産業とみなされてきた。BEE政策のうち、鉱業分野に関わる部分は、以下のようなものである。

① 南アの全国民が鉱物資源に対する平等なアクセスを奨励する。

② 女性を含む歴史的被不利益者が、資源産業への参入、鉱物資源開発からの利益を獲得する機会を拡大する。

③ 歴史的被不利益者の職能基盤の拡大・活用。

④ 鉱山地区共同体・労働者供給地域に対し、雇用促進・社会経済福祉事業を促進する。

⑤ 南ア鉱産物の高付加価値化を促進する。

モアブ・ホッソン金鉱山の入坑前の労働者
(アパルトヘイトの撤廃により白人と黒人が一緒に入坑している。)

鉱業権の所有権でも黒人を優遇

南ア国内のすべての鉱業権は政府によって管理されている。鉱業の準拠法は、2002年に制定された**鉱物・石油資源開発法**（Mineral and Petroleum Resources Development Act：MPRDA）である。同法以前は、鉱業権は民間によって保有され、一部が政府によって保有されていた。

鉱業憲章は、基本的にMPRDAに付属する事実上の強制法規であり、2002年10月に公表された。既存の鉱山所有者は、旧来の鉱業権を新規の鉱業権に切り替えてもらうには憲章の目標を達成しなければならず、達成不能の場合には許可が取り消される恐れがある。探鉱権と鉱業権は、鉱業憲章の目的に対する確約を表明した新規申請者にも付与されることがある。黒人の新規申請者は優先され、彼らがプロジェクトを立ち上げて運営するのを支援するために政府援助が提供される。

最もマスコミの注目を集め、最も特筆すべき目標は、鉱業権の所有権に関係している。2009年までに黒人の所有権を15％とし、2014年までに26％に引き上げるというものである。鉱山会社は、鉱業権を切り替え維持するためには2009年までに15％を達成しなければならなかった。

他の特筆すべき目標は、2009年から2014年までの間に、黒人の経営参加を40％とすること、および鉱業への黒人の参加に向けて鉱業界が資金提供するため1,000億ランド（9,540億円）の確保を確約することである。また、鉱山会社は、財やサービス、消耗品を調達する際は、黒人のサプライヤーに優先権を与えることを期待されている。

鉱業憲章の草案では、既存のプロジェクトでは30％の、新規プロジェクトでは51％の黒人所有権を提案していた。投資家は不安に駆られ瞬時に南ア鉱業株から引き揚げたので、現在の26％になった。

鉱業憲章は狭い範囲の権利拡大に焦点を絞り込んだため、新たな黒人エリート層を出現させたが、一方、鉱山を取り巻く地域社会は多くの場合、貧困から抜け出せなかった。鉱業憲章は最近見直されたが、資源大国南アへの投資の遅れが見られる。その主な原因には、政府の過剰な介入が挙げられている。

2003年にはロイヤルティに関する法案が提出された。総売上に鉱種別に指定された率を乗じるという鉱山業界には受け入れがたいもので、政府との間で何度か交渉し、利益ベースに基づいて総売上に比率をかける方法に切り替えられた。製錬されている鉱産物か否かで負担ベースに使われる公式が異なる。なお、金と白金族金属は5％、その他は7％に上限が決められているし、国内で使用するような鉱産物は、総売上に0.9をかけるなどの配慮があり、鉱業界にとっても受け入れられるものとなっている。

南アでもインフラが問題

南アの電力事情は悪い。これまでエスコム公社が安価な電力料金を提供してきたが、2001年頃から発電能力は横ばいを続け、一方、需要は2006年頃から急に伸び始め、2009年以来毎年、電力料金を約25％引き上げている。また、発電能力に余裕がないので節電、特に電力を多用するフェロクロム、白金、金の生産に影響を及ぼしている。

アフリカでの鉱産物の生産は、内陸から積出港までの輸送が大きな問題であるが、南アもご多分にもれず同様の問題を抱えている。

南アでは国営企業トランスネット社が鉄道や港湾における輸送を担当している。今後、南ア国内においては貨物需要の増大が予想されることから、同社による積極的な投資が不可避となっている。

頻発する鉱山ストライキ

2012年8月に北部のマリカナ鉱山で発生した違法ストライキに端を発した暴動により44名が死亡する事件が発生し、その後も他鉱山へ影響が広がっている。

暴力的な労働争議の背景の一つには、伝統的な労働組合（NUM）への不平と支持離れ、同組合の指導力低下、新興労働組合（AMCU）の台頭と両労働組合間の抗争が指摘されている。鉱山ストライキの影響により2012年の鉱山生産は約153億ランド（約16.8億米ドル）の損失となっている。ズマ大統領は2013年5月30日、鉱業の安定性を回復させるためのアクション・プログラムを立ち上げ、違法ストライキに対する断固とした姿勢を取ることとした。

コンゴ民主共和国

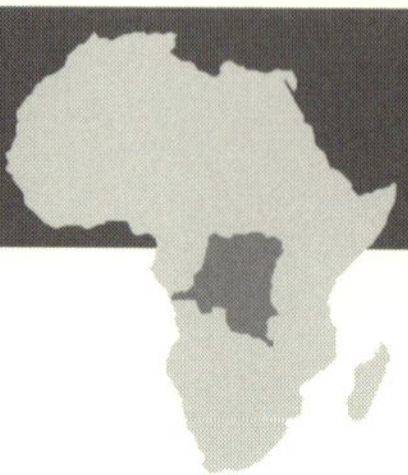

豊富な資源が紛争を生む

旧ベルギー領のコンゴ民主共和国（首都キンシャサ）と旧フランス領のコンゴ共和国（首都ブラザビル）は隣り合って位置している。コンゴ民主共和国はモブツ政権時代の 1971 年にザイール共和国と改称したが、モブツ独裁政権の終了後の 1997 年から再びコンゴ民主共和国と改称し現在に至っている。

カッパーベルトを擁する資源大国

赤道をまたがる中部アフリカに位置する**コンゴ民主共和国**（以下、コンゴ）は、アルジェリアに次いでアフリカ大陸で 2 番目に広い国である。雄大なコンゴ川が国土を横切り、豊富な水源と森林、肥沃な大地、豊富な鉱物資源を有する。

主要産業は鉱業（銅、コバルト、工業用ダイヤモンド、石油）と農業（綿花）である。国の東南部、ザンビアとの国境地帯に伸びる**カッパーベルト**は世界有数の金属鉱物鉱床の密集地で、銅はもちろん、先端機器材料として不可欠のコバルトを産する。コバルトの埋蔵量（世界の 45 %）、生産量（世界の 53 %）ともに世界一を誇る。さらに、東部ルワンダ国境にはタンタル資源が豊富で、埋蔵量、生産量ともに多いはずであるが、統計に出てこない。

1960 年代は旧宗主国ベルギーの鉱山会社ユニオン・ミニエールによる銅、コバルトの生産が盛んであった。中心地はカタンガ州のルブンバシとリカシである。その後は、急進的な資源ナショナリズム（鉱山接収）と内戦（1997～

コンゴ民主共和国の主要鉱物資源埋蔵量

鉱　種	コンゴ（A）	世界（B）	A/B（%）	ランク
コバルト（t）	340 万	750 万	45.3	1
銅（t）	2,000 万	6 億 9,000 万	2.9	10

出典：Mineral Commodity Summaries 2012

コンゴ民主共和国の主要鉱物資源生産量

鉱　種	コンゴ（A）	世界（B）	A/B（%）	ランク
コバルト地金（t）	3,083	82,247	3.7	7
スズ鉱（t）	4,800	30 万 1,000	1.6	8
銅鉱（t）	44 万	1,624 万 2,000	2.7	11
銅地金（t）	25 万	1,979 万 1,000	1.3	20
亜鉛鉱（t）	9,500	1,276 万 2,000	0.1	34

出典：World Metal Statistics Yearbook 2012

2001 年）により生産は減退したが、最近ようやく復活傾向にある。

知る人ぞ知る話であるが、1970 年代、日本鉱業（現在の JX 日鉱日石金属）を中心とするオールジャパンが現地法人ソディミザを設立し、カッパーベルトにムソシ鉱山とキンセンダ鉱山を開発、操業したが、輸送問題、為替変動、銅価格低迷、ズリ混入の増大などにより 1980 年代に撤退した。40 年前にアフリカで大鉱山開発をやってのけた先輩の鉱山師たちの気概が今に求められる。最近では、国営会社と契約を結んだ外資が多数参入を始め、カッパーベルトで新旧の鉱床の開発が始まっている。

主要な鉱物資源

コンゴは世界有数の資源国である。銅、コバルト、カドミウム、ダイヤモンド、金、銀、亜鉛、マンガン、スズ、ウラン、ゲルマニウム、コランバイト・

コンゴ民主共和国の鉱物資源

タンタライト〔通称「コルタン」(タンタル、ニオブを含む)〕、ボーキサイト、鉄鉱石、石炭が大量に埋蔵されている。その中でも有名かつ重要なのがカッパーベルトである。

カッパーベルトは、アフリカ大陸南部中央部に位置し、コンゴの南東部とザンビア北部の国境を挟んで伸びる銅とコバルト鉱床に富む一帯である。銅鉱床

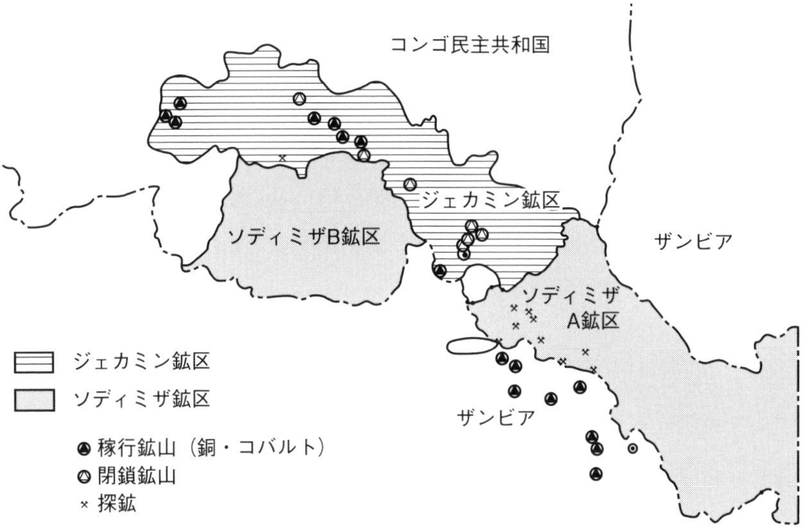

カッパーベルトの鉱床と1970年代の日本の鉱区

日本がコンゴ民主共和国から輸入する主要鉱物資源量

鉱　種	コンゴ（A）	世界（B）	A/B（%）	ランク
コバルト地金（t）	8.0	11,746	0.1	17

出典：財務省貿易統計

は古い地質時代にできた堆積性層状鉱床であり、褶曲・断層に伴って一帯で様々な形状を呈している。世界の埋蔵量のうちコバルトで40〜50％、銅で10％がカッパーベルトにあると言われている。この結果、両国には多くの鉱山が存在する。カッパーベルトと言うが、世界的なインパクトはコバルトの方が大きい。コバルトは、リチウムイオン電池正極材、特殊合金、特殊鋼、磁石、超硬工具材など先端材料に広く使われ、戦略的に重要な金属である。

コンゴの銅埋蔵量は世界で10位（世界の2.9％、1位はチリで27.5％)、コバルトの埋蔵量は世界で1位（世界の45.3％、2位はオーストラリアで

18.7 %）である。生産量では銅鉱石が世界 11 位（世界の 2.7 %、1 位はチリで 32.4 %）、銅地金が 20 位（世界の 1.3 %、1 位は中国で 26.3 %）である。コバルト鉱石の生産は 1 位（世界の 53 %、2 位はカナダで 7 %）、コバルト地金の生産は 7 位（世界の 3.7 %）である。コバルトは銅鉱石およびニッケル鉱石と共生し、地金は銅およびニッケル生産の副産物として生産される。

スズは電子機器の回路を繋ぐ導電体として重要であり、需要が大きい。コンゴでのスズの埋蔵量はデータがない（1 位は中国で 31.3 %）。生産量もデータがない（1 位は中国で 43.5 %）。これは東部の紛争地帯における埋蔵、生産のためデータが上がってこないためと思われる。

タンタルは、電子工業、耐熱・耐食材料、超硬工具、光学レンズなどに使われる重要な金属である。タンタライト、コルタンなどの鉱石から、またスズ鉱の副産物としても生産される。コンゴの埋蔵量は不明（世界 1 位はブラジルで 54.2 %）、鉱石生産量も不明（世界 1 位はブラジルで 22.8 %）であるが、東部の紛争地帯の不法採掘と持ち出しが有名である。

日本のコンゴからの鉱産物の輸入は、少量のコバルト輸入のみであり、世界各国から輸入する鉱産物の世界シェアからみると 17 位（0.1 %）である。

相次ぐ内乱で最貧国に

コンゴの輸出の約 9 割はコバルト、金、ダイヤモンドなどで占められる。1970 年代までは順調な経済発展を遂げたが、銅価格の低迷、対外債務の増大などによって経済困難に陥り、1991 年の内政混乱以降、1997 年のモブツ政権の崩壊、1998 年のコンゴ紛争の勃発などにより経済は壊滅状態となった。このため世界銀行、IMF の支援で国経済の復興が図られた。GDP は 1980 年をピークに 1990 年、2000 年と激減してきた。これは、度重なる内乱で鉱業を含む全ての産業が荒廃したことによる。内乱の終結した 2001 年から徐々に GDP は上向きに回復していっているが、2012 年の人間開発指数は 187 カ国中 186

位の最貧国である。

鉱物資源が上記のように世界有数の豊富な国であり、ベルギーの資本と技術の下で開発操業された経験を有するのに、それが持続されず資源という富が元で内乱を起こし最貧国となっている現実は非常に悲しい。「資源の呪い」の代表的な国である。

鉱業権を支配してきた国営企業

コンゴの鉱業分野は、2002年7月11日に制定された鉱業法No.007/2002によって統括されている。同法は、鉱業事業者とコンゴ双方の利益を保護し、保証するものである。特に民間セクターを活用することにより、同国が保有する鉱物資源の確実な開発を目指している。

実体はどうなっているかというと、独立から1995年までの間、ジェカミン、ミバ、サキマ、オキモなどの国営企業を通じて国が全鉱業権を支配していた。1994～95年、国営企業が生産を維持できなくなったことから、同国政府は、

コンゴ民主共和国の国営鉱山会社

会社名	中心地域	鉱　種	備　考
ジェカミン	カタンガ州	銅・コバルト、亜鉛、スズ、ウラン	2010年民営化
ミバ	東西カサイ州	ダイヤモンド、クロム、ニッケル	
サキマ	南北キブ州	スズ、タンタル、タングステン、金	紛争鉱物資源地帯
オキモ	オリエンタル州北東部	金、銀	
ソディミコ	カタンガ州（特に東南部）	銅・コバルト	旧日本企業との合弁会社
キセンゲ・マンガニーズ	カタンガ州西部	マンガン	

出典：JOGMEC「世界の鉱業の趨勢2012」に加筆修正

国営企業が民間企業と共同事業契約を締結することを認める方針を決定した。共同事業契約により鉱業権は共同事業の裁量に任されることになり、政府の統轄は実質的にはなくなっている。契約の多くは1995年から2000年の混乱期に締結されているため不透明な部分があり、混乱が落ち着き始めた2001年以降も新たな契約が結ばれている。

契約交渉には以下の問題があるので注意しなければならない。

・交渉と承認に関する透明性が欠如している。

・競争入札プロセスがない。

・鉱物資産の査定・評価がほとんど、ないしは全く行われていない。

・鉱物資産に対して政府が把握しているか、税金を受領しているか不明である。

・共同企業者へ移譲される鉱物資源の規模が大きすぎ、単独企業で開発するには難しいものがある。

・契約締結に先立ち、その法的条件や財務条件の適正なレビューが行われていない。

コンゴには国営鉱山会社が6社存在したが、ジェカミン社の民営化により5社となった。

ミバ社は80％政府、20％民間所有（ベルギー資本）であるが、他は100％政府資本であり、会社ごとに鉱種、活動地域の棲み分けがなされている。それぞれの会社は、傘下に個別の鉱山企業、プロジェクトを抱えるホールディング・カンパニーであり、傘下の鉱山、プロジェクトは外国企業との合弁の形式を取っているものが多い。

最大の鉱山会社は、国内最大の産銅・コバルト地域であるカタンガ州を本拠地とするジェカミン社である。同社は、ベルギー植民地時代の1906年に設立されたユニオン・ミニエール社を独立後の1966年に国有化した会社である。IMFよりジェカミン社の経理内容が質されると国から切り離す戦略を取り、

ジェカミン社カンボーベ鉱山の露天掘り

ジェカミン社リカシ製錬所（立っているのが著者）

2010年に完全に民営化された。

かつて48万トン（世界の6〜7％）の銅を生産したが、急激に落ち込み、現在では3.5万トンとなった。経営陣は全て刷新され新戦略を立案した。2015年に銅生産量を10万トンまで引き上げることを目標としており、①資源探査の再開、②施設のリハビリと近代化、③鉱山以外の事業の再構築（ワークショップの運営改善等）、④提携企業とのパートナーシップの改善（提携条件の見直し等）、⑤債務の整理、⑥雇用人員の削減と若返りを重点課題としている。

同社はリカシおよびコルウェジで探査を実施しており、80万トン以上の銅産出ポテンシャルがあることが判明している。また、同社は未開発の7,000km^{2}の鉱区を所有している。電力の安定供給が課題であり、石炭による500MWの火力発電所の建設を検討している。 主な鉱区はパートナーと共有し、操業はパートナーに任せるが、自身も鉱山操業を行い、製錬所も3つ所有している。

コンゴの企業帝国ユニオン・ミニエール

ユニオン・ミニエール社は、カタンガ州の鉱物資源の開発のため1906年にベルギーとイギリスの合弁により設立され、本社はベルギーに置かれた鉱山会社であった。非鉄金属、特に銅およびコバルトにおいて圧倒的なシェアを占めた。カタンガ州の鉱業権を独占し、同州に巨大な企業帝国を築き上げ、「コンゴにはユニオン・ミニエールというもう一つの帝国がある」といわれた。

ユニオン・ミニエール社の設立前からカタンガ州に莫大な資源が眠っていることはわかっており、ユニオン・ミニエール社には1990年3月までのカタンガ州での独占的鉱業権が認められていた。1911年には北ローデシア（現在のザンビア）とカタンガ州との間の鉄道が開通し、カタンガ州の資源を大量に輸出することが可能になった。最初の年には997トンの銅鉱石が産出され、1919年には22,000トンに達した。1929年、ユニオン・ミニエール社が出資したベンゲラ鉄道が全通し、アンゴラのロビト港から銅の輸出がより安価で可能に

カッパーベルトからの輸送ルート

なった。

ユニオン・ミニエール社は世界のコバルトの75％を生産し、また1922年からはウラニウムの生産も行っていた。マンハッタン計画の時には米国の要請でシンコロブエ鉱山で採掘されたウランを提供していた。

ユニオン・ミニエール社は第二次大戦後も成長を続け、1959年にはコンゴ政府の歳入の50％が同社からの税収によってまかなわれていた。1960年には、ユニオン・ミニエール社の売上は2億米ドルにのぼり、西側のウラン生産の60％、コバルト生産の73％、銅生産の10％を握っていた。ユニオン・ミニエール社は、鉱山だけでなく、従業員のための学校や病院、発電所や化学工場、鉄道などを持ち、カタンガ州のほとんどの企業の支配権を握っていた。

1960年、コンゴが独立すると、カタンガ州が分離独立を宣言し、コンゴ動乱が勃発した。このときはそれほどの影響はなかったものの、やがてモブツ・セセ・セコが大統領としてコンゴの実権を握ると、彼とユニオン・ミニエールは対立していくこととなる。1966年12月31日、モブツ大統領はコンゴ国内のユニオン・ミニエール社の全施設の国有化を宣言し、ジェカミン社という国有企業とした。

コンゴ進出一番乗りは日本企業だった

モブツ大統領はユニオン・ミニエール社に代わって鉱物資源を開発してくれる企業を探していた。ユニオン・ミニエール社を追い出したコンゴに欧米の会社は警戒心を強めるし、モブツ大統領も欧米以外の会社に期待することが大であった。

日本は1960年代より銅資源の確保の必要性に迫られ、海外に資源を求めて各地を探していた。特に産銅会社トップの日本鉱業（現在のJX日鉱日石金属）はアフリカにまで足を伸ばして資源を探し、エチオピアとコンゴに目を着けた。モブツ大統領と日本鉱業の双方の求めるものが一致し、未開発の大鉱床が眠るムソシ鉱床、キンセンダ鉱床など多くの鉱床を含むカタンガ州、カッパーベルト東南部の四国の面積に相当する地域の探査権と、ムソシ鉱床、キンセンダ鉱床の開発権が日本に与えられることとなった。

銅資源の確保は1社の問題でなく日本の問題であり、日本鉱業を中心に産銅6社が参画し、それに日商岩井（現在の双日）を中心とした商社が加わり、さらに金属鉱物探鉱促進事業団（現在のJOGMEC)、日本輸出入銀行（現在のJBIC）など政府機関の支援も受けて、オールジャパンで取り組むこととなった。日本で初めての取り組みであった。日本の企業グループはジェカミン社との合弁会社ソディミコ社（途中、国名がザイールとなった間はソディミザ社と呼ばれた）を作り、同社が権益を行使して探査、開発する形になったが、実質

カッパーベルトの輸送拠点となる鉄道ルブンバシ駅

ルブンバシ市のソディミザ社の旧本社入居ビル

旧ムソシ鉱山構内

的には日本鉱業を中心とする日本企業グループの社員、技術者がこれにあたった。

現在でこそ多くの国の鉱山会社がコンゴに進出しているが、当時コンゴに参入を許された鉱山会社は日本企業のみであった。日本企業はその自信と誇りを今もって忘れるべきではない。

ムソシ鉱山はソディミザ社の鉱山として1972年に操業を開始、1983年に日本が撤退、カナダのコンサルタントに技術指導を受けながら操業していたが、1988年に閉山した。現在はソディミコ社の所有だが、坑内は水没し支柱は壊れ、再開には費用が掛かりすぎ、再開不能といった状況である。キンセンダ鉱山も同様にソディミザ社の鉱山として1972年に操業を開始、1983年に日本が撤退、カナダのコンサルタントに技術指導を受けながら操業していたが、1988年に閉山した。現在は南アフリカの会社が権益所有して操業中とのことである。ムソシ・キンセンダ周辺（ルベンベ地区）については、ムソシ、キンセンダ両鉱山が閉山の後活動域が南部へ移動、ロンシ（サカニア地区）、フェンチェの2鉱山が開山され、ソディミコ社と韓国企業のJVが権益を保有している。

紛争鉱物・紛争ダイヤモンド

紛争鉱物（Conflict Mineral）は、虐殺や略奪、性的暴力などの非人道的行為を行う武装勢力下で産出される鉱物を指す。これらの鉱物を購入することで武装集団の資金源となり、さらなる紛争を招く恐れがあるので、ここから産出される鉱物の購入はもとより、使用を禁止してその根を断とうとされている。

米国の金融規制改革法では、コンゴおよび周辺国から産出される鉱物のうち、スズ、タンタル、タングステン、金が対象として挙げられている。これらの金属は、携帯電話、パソコン、自動車部品、宝飾品など多くに使われており、メーカーは金属の産出元を確認して使わねばならない。これらの金属はコンゴの主力産品であるが、不法な採掘によるところが多く、法律による規制は当事者にとって致命的であるが、「蛇の道は蛇」で隣国ルワンダ経由で世界に出回っている懸念が絶えない。コンゴおよび同国と国境を接する国は**紛争鉱物国**と指定されている。

紛争地域で産出されるダイヤモンドのうち、紛争当事者の資金源になっているものを**紛争ダイヤモンド**（Conflict Diamond）と呼ぶ。アンゴラの例でみるように、ダイヤモンドの売上は武器購入などに充てられ内戦が長期化、深刻化する。その紛争への悪魔的影響から、Blood Diamond、Dirty Diamond、War Diamondとも呼ばれる。

国連は1998年にアンゴラからのダイヤモンド購入禁止を決定した。これを契機に違法ダイヤモンド取引は減少していった。ダイヤモンド産出と紛争の関わりを持った国は、アンゴラ、シェラレオネ、リベリア、コートジボアール、

紛争鉱物国

コンゴ民主共和国、コンゴ共和国などである。

得た利益をいかなる戦争にも使用せず、人道的な環境で採掘され、採掘から消費者に届くまでの間、すべてを追跡可能なダイヤモンドを**紛争フリーダイヤモンド**といい、国際ダイヤモンド市場で売られている。

鉱業収入の透明性が求められる

コンゴがこれだけ資源の豊かな国であり外国企業により盛んに開発されているのであれば、国は豊かに富み、国民の生活は潤うはずである。しかしながら、一部の富裕層に富が回るだけで、いまだに貧困と紛争から抜け出られないでいるのは大きな問題である。

最大の課題は、国家財政の不透明さ、ガバナンスの低さ、官僚の不完全さで

スズの採掘現場

タングステンの採掘現場

ある。現地で聞いた話であるが、国家予算の分配が、大統領府、軍隊、議会を含む4分野のみに重点配分され、他にはほとんど回っていない。そこで各機関が独自に予算獲得に走り、15種の税金があり、10の異なる勘定・機関により徴税がされているという。

実際、著者が訪れた機関のうち、鉱山登録局は、申請・登録費用、ローヤリティ、鉱区税などが入るからであろう、事務所は比較的きちんと整い、局長室はエアコンが利き絨毯が敷かれた立派な部屋であった。続いて訪れた鉱山省技術部門は、かつての国営企業で今は民間企業となったジェカミン社のビルに間借りしていた。一番悲惨なのは鉱山省環境部門で、ビル内にはセメント袋の土嚢が積み上げられ、トイレ臭いボロボロのビルの中に局長1人忙しく働いていた。どういうことか想像できるであろう。

一方、カビラ大統領の一族は巧みに権益側を取り込んで収入を得ていると聞く。コンゴ政府は鉱山権益の不透明な取引、並びに鉱業収入の不透明な扱いにかかる問題をIMFより指摘され、現在、Enhanced Credit Facilityが止められている。これを受けて大統領がルブンバシで2013年1月30日、31日の2日間に渡りEITI（採取産業透明性イニシアチブ）のセミナーを開催した。本セミナーは、鉱山セクターの健全化にかかるコンゴ民主共和国政府の取り組みを示すために開催された。同セミナーでは、鉱山法を改定し、民間企業の投資を促進すると同時に政府の収入の増加を図る必要性、汚職の防止、鉱山開発地区における社会サービスの実施（保健、教育など）、鉱物の現地製錬による付加価値化、鉄道・電力などインフラの整備、地質調査の再開、零細鉱山業の適正化などの重要性が指摘された。

ムソシ鉱山の開発に加わった日本人大学生

ムソシ鉱山が開山する時、著者は貴重な経験を積める機会に少しでもお手伝いをしたいと思い、秋田大学鉱山学部を休学してアフリカに渡った。アルバイトをして旅費を貯め、1971 年、エコノミークラスを乗り継いで１人でコンゴ民主共和国に入った。

１年半に渡りコンゴ国内にあるソディミザ社の探査・開発基地を全て回り、広域探査では地質調査、地化学探査を経験し、ムソシ鉱山では坑内調査を行った。この実習とザンビアも含めカッパーベルトにある他の鉱山の見学は、その後の著者の鉱山屋生活の大きな糧となった。当時のカッパーベルトの鉱山は日本より進んでいて最先端の技術を使い、清潔で生産性の良い鉱山であった。

広域探査では、まだ外国人が入ったことのない地域へも入っていき探検家のような気分であった。最後はコンゴ国内を鉄道、トラック荷台、バス、ボート、船などを使って１人で一周した。コンゴ奥地を一周した日本人は著者が最初であった。

ソディミザ社の探査・開発基地前での著者（当時 22 歳）

ザンビア

銅鉱山で栄枯盛衰する経済

コンゴ民主共和国の南に位置する**ザンビア共和国**は、コンゴとの国境沿いに銅、コバルト資源に富むカッパーベルトを擁し、北ローデシアと呼ばれた英国植民地時代から大きな銅鉱山が開発されてきた。ザンビア経済における鉱業の貢献は大きく、GDP に占める割合は約 10 %で、輸出全体の約 80 %を銅が占めるなど、鉱業は重要な産業になっている。

主要な鉱物資源

ザンビアの主要鉱物資源は銅および銅鉱に付随するコバルトであるが、近年、ウラン鉱床も発見されている。

銅の埋蔵量はコンゴと並んで世界の 11 位で世界の 2.9 %である。コバルト埋蔵量は世界の 5 位（コンゴは 1 位）で世界の 3.6 %（コンゴは 46.3 %）を占める。銅の埋蔵量が同じくらいなのにコバルトではコンゴと大きく違う。つまり、コンゴの銅鉱床はザンビアよりコバルトを多く含んでいる。戦略的価値はコンゴの方が高いといえる。

一方、生産量は、銅鉱石は世界 8 位、コバルトは世界 5 位（コンゴは 1 位）で世界の 6 %（コンゴは 53 %）である。銅の主要鉱山としては、コンコラ鉱山、ンチャンガ鉱山、ムフリラ鉱山、ンカナ鉱山、カンサンシ鉱山、チャンビシ鉱山、ルムワナ鉱山、ムナリ鉱山、チブルマ南鉱山、ルアンシャ鉱山などがある。銅の主要製錬所としては、ムフリラ、ンチャンガ（尾鉱からの浸出プラント）、ンカナ、チャンビシなどがそれぞれの鉱山に併設されている。また、チャンビシにはコバルト製錬所も併設されている。

ウランについては多くの外資企業が探鉱を行ってきたが、2009年にウラン採掘に関する規制が制定されたことでウラン採掘が可能となった。ルムワナ銅鉱山では副産物として生産されるウランを2013年から輸出する予定である。

ザンビアの鉱物資源埋蔵量

鉱種（単位）	ザンビア（A）	世界（B）	A/B（%）	ランク
コバルト（t）	27万	750万	3.6%	5
銅（t）	2,000万	6億9,000万	2.9%	11

出典：Mineral Commodity Summaries 2012

ザンビアの鉱物資源生産量

鉱種（単位）	ザンビア（A）	世界（B）	A/B（%）	ランク
銅鉱（t）	78万4,000	1,624万2,000	4.8	6
銅地金（t）	69万6,000	1,979万1,000	3.5	7
金鉱（t）	3.5	2,589	0.1	45
コバルト地金（t）	5,956	8万2,247	7.2	3
セレン地金（t）	10	2,109	0.5	16
ニッケル鉱（t）	2,900	183万1,000	0.2	22

出典：World Metal Statistics Yearbook 2012

ザンビアから日本への鉱物資源輸入量

鉱種（単位）	ザンビア（A）	世界（B）	A/B（%）	ランク
粗銅およびアノード（t）	510	4,352	11.7	3
銅地金（t）	1,100	12万7,000	0.9	9
フェロマンガン（t）	200	11万	0.2	6
コバルト地金（t）	927	11,746	7.9	5

出典：財務省貿易統計

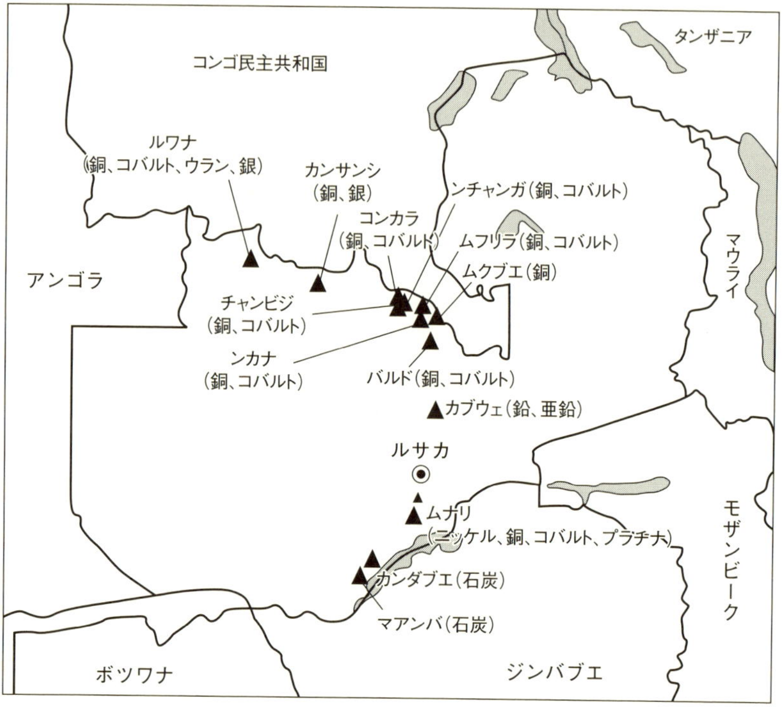

ザンビアの主要鉱山

他に、金、鉛、亜鉛、鉄、マンガン、ニッケル、白金族金属、ダイヤモンド、貴石、石炭、石油などの資源が採掘または確認されている。

このようにザンビアは様々な鉱物資源に富んでいる。長年ザンビアは、その伝統的鉱業活動である銅とコバルトに極端に依存してきており、この両者から外貨収入のほとんどを生み出している。金とコバルトはセレニウムと共に銅生産の副産物であり、カブエでは鉛、亜鉛の操業から銀が生産された。銅とコバルトの陰に隠れて他の鉱物資源の開発が遅れているが、今後大きな開発ポテンシャルを秘めているといえる。

カッパーベルトの鉱山

分割・民営化された国有鉱山会社 ZCCM

1928 年に最初の銅鉱山として開発されたローンアンテロープ（現在のルアンシャ）鉱山は、狩猟で鹿（ローンアンテロープ）を追っていた時、鹿が転び、そこに銅鉱床の露頭があって発見されたといわれている。

英国植民地時代にザンビアの銅産業で活躍していた企業は、**アングロ・アメリカン・コーポレーション**（AAC）と**ローン・セレクション・トラスト**（RST）で、この２社でザンビアの銅鉱山を占めていた。1964 年の独立の後も大統領は銅産業の振興を後押ししたが、1969 年に全ての鉱山の国有化を宣言し、鉱山会社の所有する全ての鉱山の権益の 51 ％を国に与えるように強制された。

著者は、1972 年に働いていたコンゴの鉱山からザンビアにあるいくつかの鉱山を見学に行ったが、日本の鉱山より大きな規模で、美しい構内には芝生とジャカランタが植えられ、設備機器も優れていて大変感心した。ただし、白人技術者と黒人労働者は厳密に分けられていた。鉱山によっては、日本人の扱いに困り、白人技術者扱いにされたり黒人技術者扱いにされたりして戸惑った経験がある。

国有化されたAACとRSTは、いくつかの段階を経て1982年に**ザンビア・コンソリデイティド・カッパー・マインズ（ZCCM）**に統合された。独立後、銅の国際価格の上昇により鉱業は外貨の50％、政府収入の3分の2に貢献した。

鉱業はザンビア経済に昔から大きく貢献していた。1929年に鉱山会社は従業員に電気、上水道、下水道設備、レクリエーション設備、スポーツ演芸設備、病院・医療設備を提供した他、週単位で主食・副食の食材も配給した。ZCCMになってからも、これらは引き継がれ、子供教育はフリーとするなど拡大された。

コンゴの鉱山企業国営化のジェカミン社の例にもれず、ZCCMも金を生む企業として設備・機器への投資、探鉱への投資がなされていなかった。1974年の石油ショックは、ザンビア政府に社会サービスを低下させないために外国から借金をさせた。1979年の第二次石油ショックで金利は上昇、負債恐慌に陥った。1974年から1994年の間に1人当たり収入は半減し、世界で下から25番目の最貧国となった。ZCCMの操業もダメージを受け、1979年以降、新規鉱山の開発は行われず、既存鉱山はより深くなりコストが上昇してきた。1973年には75万トンであった銅生産量も、2000年には25.7万トンにまで落ち込んだ。さらに労働者のエイズ罹患率も上昇、労働者の技能低下、技能者の離脱も操業悪化に拍車をかけた。

1998年、ZCCMは、コンコラ銅鉱山、カンサンシ鉱山、ルアンシャ鉱山、チブルマ鉱山、チャンビシ鉱山など7つに分割売却され、ZCCMはそれぞれに持ち株を所有することとなった。現在は、投資会社としてZCCMホールディングスが上場され、ザンビア政府が87.6％、民間が12.4％株を所有している。ザンビア鉱山は、完全な民営鉱山から、国営化そして、国の参加を維持しながらの民営化、つまりZCCMホールディングスと海外企業の合弁による鉱山開発・操業へと変革してきた。

ザンビアの鉱業投資環境

資源ナショナリズムの再高揚によりザンビア政府は鉱物資源向けに**超過利潤税**（企業が資源開発で得た超過利潤分に25％を税として徴収する制度）を導入したが、リーマンショック後の銅価の下落を受け、2009年に廃止された。しかし、最近の銅価の再上昇を受け、超過利潤税の導入が再検討されている。

ザンビア投資環境の強みは、3.5億人の市場と南部アフリカ諸国へのアクセスの良さ（需要の大きさ）、アフリカの中では政治的に安定していること、地域の平和と安全の中心国であること、英語圏で熟練労働者を擁することなどである。弱みは、官僚主義的な手続き、規制政策における不確実性、高いビジネス実施コスト、資金調達へのアクセスと弱い財政基盤などである。政府がザンビア投資センターに依頼して投資手続きを改革しており、これら問題点については、現在対処されている。

中国依存一辺倒からの脱却が図られる

ザンビアはアフリカ諸国の中で、中華人民共和国を1964年に最初に承認したタンザニアから遅れること6カ月で承認したように中国との関わり合いが深い。

中国のアフリカ進出はよく知られるところとなったが、その中でもザンビアはアフリカにおける中国企業の進出拠点となっている。進出する中国企業は、中国有色金属公司や金川集団のような国営企業だけでなく多くの中小企業が進出しており、2008年時点で500社が登録されていた。

2007年に設置された**ザンビア−中国経済特区**（Zambia China Economic and Trade Cooperation Zone：**ZCCZ**）はアフリカで最初に設置された経済特区である。ザンビアと中国の貿易額は、2000年時点で1億800万ドルであったが、

2010年には28億5,000万ドルに急増している。中国のアフリカ直接投資（2004〜2010年のストック）は、南ア（全体の31.8％）、ナイジェリア（9.3％）に次いでザンビアが第3位（7.2％）である。中国の対ザンビア投資のうち88％が鉱業部門である。

ザンビアから中国への輸出の約9割は銅であり、ザンビアは中国の重要な銅供給ソースとなっている。中国の粗銅輸入量は2012年で約52万トン、そのシェアはザンビアが34％で第1位であり2位はチリの32％が続き、3位はコンゴで18％であった。銅の輸出入においてザンビアと中国はお互いに頼り合う緊密な関係といえる。

中国によるザンビア鉱山の取得はチャンビシ銅鉱山に始まり、ルアンシャ銅鉱山、ムリアシ銅鉱山、ムナリ・ニッケル鉱山、イチンペ銅コバルト鉱山、ンカンダブウェ石炭鉱山と続いていった。このうちニッケル鉱山は価格低迷で操業を中断し、ンカンダブウェ石炭鉱山は、2010年の中国人経営者とザンビア人従業員との間の死傷事件により、2013年、ザンビア政府により採掘権が没収された。

ザンビアにおける中国投資の特徴は、豊富な資金力、サポート体制の充実した国営企業の投資と、これをサポートする事業に進出する中小企業による投資がある。中小企業は国営企業のサポート事業なので、コスト削減を余儀なくされ、これがザンビア人搾取と見られ、キャンペーンを張られるに至った。

2012年、ザンビアは鉱業分野への投資促進を促し、中国一辺倒から多様化を図るためザンビア国際鉱業エネルギー会議を開催した。会議場こそ中国による資金供与で建設された建物であったが、会場内は先進国だけでなく新興国がそれぞれの特性を訴えた。

環境配慮の日本式鉱山開発は資源確保に役立つ

現在、ザンビアにおいて鉱山からの重金属を含む酸性排水汚染、製錬所からの亜硫酸ガス排出による大気汚染などの鉱害問題が大きな社会問題となっている。鉱業の民営化を図り、外国投資を導入し、再活性化を推し進める中で、企業の鉱害対策を監視・指導する政府業務が追い付けなくなっていった。

現在、ザンビアの外国投資の中心的存在である中国企業は、ザンビアの経営不振の鉱山に投資して参加しているため、コスト削減を図り少しでも経営を向上しなければならない。こういった背景が環境を後回しにしたのではないかと予測される。また、中国中小企業の投資もコスト削減を迫られ、同様に環境対策を後回しにしていると見受けられる。中国企業経営のチャンビシ鉱山東南銅鉱床の開発プロジェクトは環境保護法を軽視しているとしてザンビア環境管理局から閉鎖命令を受けた。ザンビアと中国鉱物資源投資家の間で新たな紛争が起きることになった。

JICA では、こういった鉱害問題に対処する支援として、ザンビアを始めとする南部アフリカ諸国に対して鉱山の実態、鉱害の実態を調査し、鉱害調査・対処のアドバイスを行い、今後の協力の準備となるアフリカ鉱山環境保安基礎調査を 2013 年にスタートした。鉱害に悩む資源国を支援し、環境を配慮した鉱山開発という日本モデルを資源国に理解してもらい、日本の資源確保を有利に導くためである。アフリカの鉱物資源国も少しずつ開発に対する考え方を改め始めている。

アンゴラ

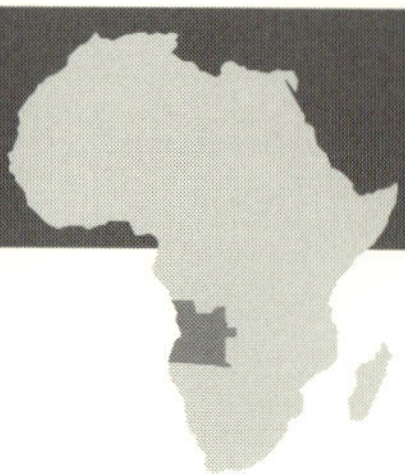

眠れる資源のポテンシャルは南アに迫る

内戦終結後、めざましく経済成長

アンゴラ共和国は、1975年にポルトガルから独立したが東西冷戦のあおりを受け政府側と反政府側が米ソの支援をそれぞれ受け、豊かなダイヤモンドを掘っては売りさばき武器に変えて内戦を続けてきた。2002年の内戦終結以降、ダイヤモンドのピークは終わり、それに変わって豊かな石油資源を目指して欧

石油収入で建設が進むアンゴラの首都ルアンダ

米企業が急激に入り込みアンゴラは好調な経済成長を遂げた。

GDP実質成長率は、2006年は18.6％、2007年は21.1％、2008は12.3％であった。2010年は世界金融経済危機の影響を受け3.4％にとどまったものの、2011年は3.9％、2012は6.8％と回復してきた。2001年から2012年までのGDP成長率は平均約11％であった。

アンゴラは政治的にも安定している中で、アフリカ連合、ポルトガル語諸国共同体、南部アフリカ開発共同体、中部アフリカ諸国経済共同体などの地域機関における中心メンバーとして地域の平和と安定に積極的に貢献している。鉱物資源はもちろん、農業、漁業、水、エネルギーなどの潜在能力も高く、経済発展の可能性は高く、南アを凌駕するとまで言われている。

ダイヤから石油に基幹産業がシフト

アンゴラ経済は石油の輸出に大きく依存しており、2011年ではGDPの46％、輸出額の94％、政府収入の76％を占めている。現在ではナイジェリ

首都ルアンダ郊外の海岸。水を求めて掘ると石油が出るという。

アに並ぶサブサハラ最大の産油国となった。石油開発は沖合が中心で、メジャーや中国企業が中心となっているが、日本企業も進出している。

ダイヤモンド鉱床は国の東北部にあるが、漂砂鉱床の一部が生産されているにすぎないという。2009年には金額ベースで世界の13％を生産した。

かつて鉄鉱山が操業されていたが、現在休止中であり、現在稼働中の金属鉱山はアンゴラにはない。

日本の方式をまねた中国の資源確保

日本は戦後、インドや東南アジアに対し資源を担保にした資金支援を行ったが、中国はアンゴラに対して2004年に大規模に同様のことを行った。このことから研究者の間では、この方式を**アンゴラモデル**または**アンゴラ方式**と呼ぶことが多い。かつての日本の方式が中国の資源確保に用いられているのである。

中国は近年急速に借款を増やしている。借款の返済条件（返済期間、返済金利など）は必ずしも公表されておらず、また、国ごと案件ごとに異なる場合も多いといわれている。アンゴラなど石油産出国の場合、石油の長期輸入契約と借款契約がセットになり、借款の返済を石油輸入代金で行なうある種のバーター取引契約がなされる場合も多いといわれている。

2010年のアンゴラの原油輸出先は、中国が1位で45％のシェアを占める。2位は米国で23％、3位はインドで9％である。2010年の中国の原油輸入元は、サウジアラビアが1位で19％のシェアを占める。2位はアンゴラで16％、3位イラン9％、4位オマーン7％と続く。つまり、アンゴラと中国は原油の輸出入において相互に頼り合う緊密な関係にあるといえる。

対人地雷に邪魔される資源調査

アンゴラではポルトガル人が入ってくる前から、金、銅、鉄の小規模な採掘・製錬が行われていた。機械による採掘操業は1913年のダイヤモンド採掘から始まり、銅鉱石は1930年、マンガン鉱は1943年、鉄鉱石は1960年に始まった。1960年代から1970年代前半には、ダイヤモンド、鉄鉱石を始めとし、マンガン、金、銅、スズ、ベリル、カオリンなどの採掘が行われ、ポルトガル、南ア、欧米企業による鉄、非鉄金属、ウラン、リン鉱石などの探査も盛んに行われていた。

しかし、1961年以降の反植民地主義者によるゲリラ活動と独立後の1974年から2002年までの内戦により、鉱物資源調査はほとんど行われずに今日に至っている。空白の50年はあまりにも長く、人材も育っていないばかりか欠如している。1988年にはソ連の地質チームの協力で100万分の1地質図が作成されたが、10万分の1、25万分の1の地質図は国土の40％をカバーするに

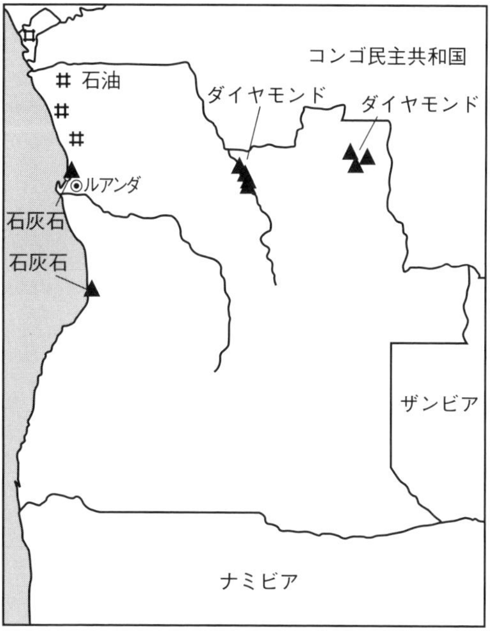

図3-4-1　アンゴラの主要鉱山

過ぎず、南アに次ぐといわれる鉱物資源ポテンシャルの確認は今後の調査を待つこととなる。

アンゴラ国内にはいまだ多くの地域で対人地雷が埋設されており、探査をする上で障害となっている。日本政府も地雷除去に対し無償資金協力などで支援をしている。国家地雷除去院から地雷埋設地点の情報を入手できる。インフラ整備にも港湾整備などで日本政府が支援している。

新鉱業法の施行で規正強化

2011年に新鉱業法が施行され、鉱業関連の規制を一本化すると共に、環境や地域コミュニティへの影響に対する対策を強化することとなった。また、ロイヤリティ（2～5％であるがプロジェクトごとに交渉される）の他に、国が採掘権付与においてプロジェクト会社の株式10％以上を政府が無償で取得でき、それを超える分については有償で取得できると規定している。国家が10％株式を取得しない場合、採掘された鉱物資源の相当分を現物支給で受け取れることも規定している。資源ナショナリズムの表れである。

資源開発のための３つの国家計画

アンゴラは石油依存の経済構造から脱却するため、経済の多様化を政府の最優先課題としている。鉱業分野では、従来の石油・ダイヤモンド以外の鉱物資源の開発の促進が提唱されているが、全国の地質調査がほとんどなされていないため、ポテンシャルが高いとされる多様な鉱物資源の分布図は明らかではない。

今後、アンゴラ政府が主体的に持続可能な鉱物資源開発を実施していくためには、地質鉱山・工業省の付属機関である**アンゴラ地質院**（**IGEO**）の人材育成が不可欠である。このような背景の下、2009年にアンゴラ政府は、鉱物資源・開発政策に関する３つの国家計画「**国家地質計画**（**PLANAGEO**）」、「**IGEO**

アンゴラ政府の鉱物資源開発政策に関する3つの国家計画

●国家地質計画（PLANAGEO）

鉱物資源や国土の真のポテンシャルを把握し、鉱物採掘権付与、国家の社会経済開発計画に供し、鉱物資源開発とその投資を促進し、国の持続可能な開発のため国土全般の高精度な地質情報を得る。

〈基本サブプログラム〉

国土の空中測量・物理探査

国土の地質地形図の作成

国土の水・地質資源地図の作成（縮尺百万分の一）

国土の地質・地球化学調査図の作成（縮尺22万分の一）

● IGEO人材開発計画

アンゴラ地質院を、技術的および科学的知識が集積され新IT技術によって支えられた研究所とする。また、大学レベルの科学技術を担う人材の交流を図ることで国内外での継続的な人材育成を確保する。

(1) 複数年度にわたる教育計画、研修計画、人材のリクルート計画、研究者の再評価
(2) 研究者の給料体制の改善方法・規制を構築する
(3) 大学機関や人材育成機関との協力協定を構築する

● IGEO戦略開発計画（PDE）

アンゴラ地質院を今後5～15年の技術活動、オペレーション、運営、財政のプログラムに関する指導的、執行的役割を持つ組織とする。

(1) 当該機関の新構成に見合うよう組織図を整備する。
(2) 適切な人材により当該機関の制度を補強しポテンシャルを高めさせる。
(3) 当該機関の人材育成管理のツールを整備する。
(4) 当該機関の情報関連機器や研修機材の管理ツールを刷新する。
(5) 当該機関の経済・財務状況の改善を図る。
(6) 当該機関の地方における活動を全国レベル、延いては海外の同レベルの活動にまで活発化させる。
(7) 管理規制や手続き、監督方法を導入し、探鉱のフェーズにおける鉱山プロジェクトの監理に伴う効率的なシステムを構築する。
(8) PLANAGEOに規定されたサブプログラムの管理と実行のシステムを構築させる。

アンゴラ地質鉱山省

人材開発計画」、「IGEO 戦略開発計画」を策定した。

国家地質計画の実行は、プロポーザル方式の国際テンダーで公募された。本件の予算は3億ドル（約300億円）をアンゴラ政府が石油収入から準備したもので、他国からの支援ではない。応募者の中から5グループが残って、さらに絞り込まれることになったが、日本は応募しなかった。当時、日本では公共事業も引き締められ、企業やコンサルタントは仕事が欲しかったのにである。オール日本でコンソーシアムを作る動きもなかった。先進国は各国地質調査所が応募した。日本の地質調査所もコンサルタントとコンソーシアムを組んで応募すべきであった。いくらでも再委託すること、下請けを使うことが許されていたのにである。日本の現在のパワーのなさが痛感された。

結果的に、次の3グループが国土を4分割して調査を実施し、スペインのサテック社がデータベース構築と情報整備、並びにIGEOのコンサルタントを行うこととなった。日本の面積37万7,930km^2と比べると3倍以上の面積を対象とする。

①中国の中信公司（アンゴラで建設業など事業展開、地質調査も行う。空中物理探査などは下請を使用）…北西エリア（30万4,664km^2）

②ブラジルのコスタ・ネゴシエス（ビジネス会社：下請を使用）とトポカート…北東エリアと東部エリア（計47万271km^2）

③ポルトガルとスペインの地質調査所およびインパルソ（スペインの民間コンサルタント）…南部エリア（47万270km^2）

現在、契約を締結し、調査のスタートを待つばかりとなっている。

日本に期待される協力

アンゴラ政府は上記の3つの国家計画を策定するとともに、日本に対し鉱物資源・地質総合調査にかかる協力を要請した。それに対し日本政府としては、人材育成などの分野でJICAおよびJOGMECを通じて積極的に支援する用意ある旨回答を行った上、2010年の官民合同ミッション（藤村外務副大臣・団長）のアンゴラ訪問の際には、JOGMEC調査団の派遣、JICAによる人材育成分野での協力を継続する旨コミットした。

日本の鉱物資源調達先の多様化および官民連携の観点からも、地質・鉱山分野での人材育成、鉱山開発に必要な能力強化分野での協力は中長期的に対応していくべき課題となっている。

以上の背景を踏まえ、JICAにおいてアンゴラへの「地質院能力強化支援」（専門家派遣）、「地質院能力強化研修」（研修員受入）の2案件が採択され、実施されている。

2013年の政策で政府機関も自前収入を確保することが義務付けられ、アンゴラ地質院も従来の地質調査所といった機能から、探査、開発にまで入り込む方向に転換しようとしている。上に述べた国家計画が実行されれば、アンゴラの鉱物資源開発は画期的に進行するであろう。

ボツワナ

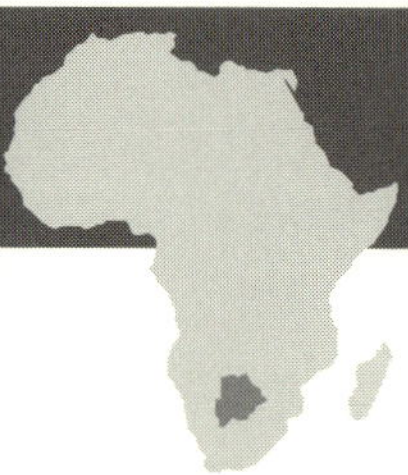

ダイヤ依存経済からの脱却を目指す

1970年代からダイヤモンドで急成長

1966年にイギリスから独立した**ボツワナ共和国**は、牧畜を基幹産業とし牛肉の輸出に全面的に依存していたが、1967年にダイヤモンドが発見され、1970年代より同国中央部のオラパ鉱山を中心に活発にダイヤモンド生産が行われ、ダイヤモンドの国家収入を基に急速な経済成長を遂げた。

ボツワナ政府はダイヤモンドによる国家収入を初等・高等教育、医療、インフラ整備、政府系建物他の整備などに回した。ボツワナの経済は、産出高世界第1位を誇るダイヤモンド産業がGDPの約30％、輸出総額の56％（2009年）～70％（2010年）、政府歳入の約50％を占めている。30年間の経済成長率が平均約9％と世界的にも有数の高い経済成長を遂げ、「資源開発で経済発展を遂げた成功国」として世界に名が知られている。

一方で、政府はダイヤモンド依存型経済からの脱却を目指し、産業の多角化を進めている他、雇用創出、格差是正、地域インフラ整備などに取り組んでいる。幸いにも新たな銅鉱山の開発やニッケル、ソーダ灰などの鉱物資源の生産もあり、多角化は順調に進んでいると言える。

その一方で課題もある。石炭はインド、中国の需要増で輸出の可能性もあるが、国内輸送インフラと内陸国であるため隣国を通した海岸までの輸送インフラの確保が必要となる。また、公務員が人口の60％と言われており、人件費の拡大も政府予算を圧迫している。

潤沢な国家収入で建てられた首都ハボローネのビル群

最大の課題は人材育成である。急激な成長で建物、インフラなどのハードは整えられるが、地道で時間のかかる各分野に必要な官僚、教育者、研究者、技術者などが育っていないため、人材育成が急務である。

経済活動においては、資器材は欧州から輸入し、商業活動の儲けは南アフリカに行っていると言われ、資本の流れ、物の流れ、儲けの流れを抑え、ボツワナ経済に実利のあるようにすることが肝心である。

世界1位の宝飾用ダイヤモンド生産

ボツワナ鉱業の中心はダイヤモンドの生産であり、宝飾用ダイヤモンドは世界第1位（世界の32％）、工業用ダイヤモンドは世界第4位（世界の11％）となっている。

ボツワナのダイヤモンド鉱山は、ボツワナ政府と世界的ダイヤモンド生産会社のデビアス社のジョイントベンチャー、**デブスワナ社**のオラパ鉱山と同国南部のジャワネング鉱山が主力で、ボツワナのダイヤモンド生産量のほとんどを占めている。同社は1971年からボツワナでダイヤモンド生産を行っており、同国内に4つの鉱山を抱える。

ダイヤモンドに関わる経済多角化としてボツワナ政府が取り組んでいるのは、ダイヤモンドのカットや研磨産業、それらをサポートする産業、トレーディングセンターなどのボツワナ国内への移動などである。

当初、デブスワナ社とダイヤモンドの売上の15％をボツワナ政府が受け取る契約でスタートした。これを50％に引き上げたことにより、現在では同社が政府に納める税金、ローヤリティなどを併せると、売上の80％がボツワナ政府に入ることとなった。GDPの30％は鉱業分野からであり、そのうち95～96％はダイヤモンドからによる。鉱物資源保有途上国が外国企業と契約締結した成功例である。

ダイヤ以外にも期待される鉱物資源

銅、ニッケル、ソーダ灰などの生産もダイヤモンドに比べ規模は小さいもののボツワナ経済に重要な役割を果たしている。

ボツワナには、その地質学的進化の過程で、ダイヤモンドの他、いくつかの重要な鉱床が生成されている。金、ニッケル、銅・鉛・亜鉛などのベースメタル、貴金属、白金族、クロム鉄鉱、マンガン、鉄、アスベスト、ソーダ灰、岩塩などである。投資環境が良いため、幅広い探鉱調査活動が行われ、多くの探鉱ライセンスが交付されている。

銅をターゲットとしたモアナ鉱山は同国北部にあり、2008年に操業を開始した。ボツワナ北西部からナミビアにかけて**カラハリ・カッパーベルト**が広がり、近年注目を浴びてきた。ここにいくつかの探鉱プロジェクトが展開されているが、ボセト銅・銀プロジェクトは、2012年より生産を開始した。コンゴ・ザンビアのカッパーベルトのように堆積性銅鉱床の大きな鉱床帯になると期待されている。

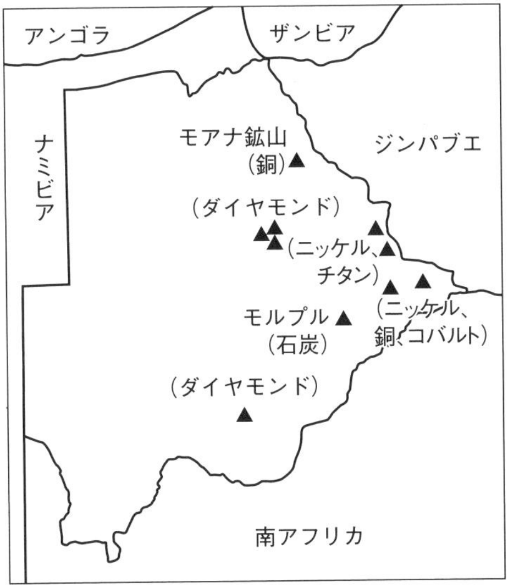

図 3-7-1　ボツワナの主要鉱山

ボツワナの鉱物資源埋蔵量

鉱種（単位）	ボツワナ（A）	世界（B）	A/B（%）	ランク
ニッケル（t）	49 万	8,000 万	0.6 %	14

出典：Mineral Commodity Summaries 2012

ボツワナの鉱物資源生産量

鉱種（単位）	ボツワナ（A）	世界（B）	A/B（%）	ランク
銅鉱（t）	2 万 2,000	1,624 万 2,000	0.1 %	32
ニッケル鉱（t）	1 万 6,000	183 万 1,000	0.9 %	16

出典：World Metal Statistics Yearbook 2012

ボツワナの石炭資源量は、2,120 億トン程度と言われているが、詳しい調査は進んでいない。唯一操業中のモルプル炭鉱は莫大な量を有し、1973 年に開発を開始した。近郊の発電所に送る他、鉄道を利用して国内産業、ニッケル工

**コンゴ・ザンビア・カッパーベルト
とカラハリ・カッパーベルト**

場、ソーダ灰工場、ボツワナ食肉委員会、醸造所、レンガ工場、繊維工場などにも送ってボツワナ産業の重要な支援となっている。石炭開発プロジェクトは国内電力需要に対して多いことから、周辺国への電力輸出や、インド、中国などへの石炭輸出を考えねばならない。しかし、輸送路・経費の問題から国外で多額の売り上げを上げるには至っていない。ボツワナ政府は、他の石炭事業開発に意欲を示すと同時に、これらの問題開発を迫られている。

他方、有望な銅鉱山開発プロジェクトや石炭プロジェクトは、プロジェクトを保有する企業そのものが買収（インド企業によるオーストラリア企業の買収)、または買収ターゲット（中国企業によるオーストラリアの銅開発企業の買収提案）となってきた。この状況は他のアフリカ諸国と同様で、銅や石炭のプロジェクトが開発に近づくに従い、中国系企業やインド企業による企業ごと買収される状況である。

ボツワナでは幅広い探鉱調査活動が行われている。ウラン探鉱は、1954 年から小規模、散発的に行われてきたが、1974 年から活発に行われた。1960～

ボツワナの地質リサーチセンター（右端が久保田前所長、その隣が著者）

1975年には、広域空中放射能・磁気・電磁気探査が行われ、1970～1978年はその結果の異常値について地表追跡調査が行われた。1976年以降、有望地に対し測線間隔を密にした空中放射能探査が行われ、続いて地上での放射能探査で追跡調査がされた。それらは、米国、カナダ、ドイツ、南アなどの会社であった。その後、ウラン価格の低迷により探鉱活動は中止された。現在稼行中の鉱山はない。

なお、日本としては、2008年より石油天然ガス・金属鉱物資源機構（JOGMEC）が首都ハボローネに地質リモートセンシング・センターを構えており、南部アフリカ各国の地質調査所の技術者をここに招聘してリモートセンシング解析技術、探査への応用技術をトレーニングしている。

アフリカでも上位の投資環境

ボツワナの鉱業政策の目的は、投資家向きの安定した枠組みを策定して民間セクターの投資判断を支援し、投資家が資本リスクに見合った報酬や利益を獲得できるようにすると同時に、適正な財政制度を通じて国が超過利潤やロイヤリティを確保することである。

ボツワナ政府は、経済成長促進、雇用維持、貧困緩和には国外からの直接投資が不可欠であると認識している。この努力の結果、世銀ビジネスレポート（2011年）によれば、ボツワナのビジネス環境は、世界183カ国中53位で、アフリカではモーリシャス、南アに次いで第3位に位置づけられている。また、フレーザー・レポート（2012年）では、鉱業投資環境の優れた国として93カ国中17位にランクされている。その根拠は、ボツワナ地質調査所長によれば、競争力のある鉱業法、低い政治的リスクや社会的リスク、少ない汚職、整ったインフラ、法律順守、契約は履行される、といったところにあるという。

鉱業では、国内外の会社にオープンなだけでなく、国内産業の多角化を図るため、鉱業における高付加価値化や下流部門の強化などをうたっている。

主要鉱産物ごとに国営鉱業会社を設立

ボツワナでは特定鉱種を取り扱う国営鉱山会社が用意されている。ダイヤモンドは先に述べたデブスワナ社である。

ニッケルでは**バマングワト社**であり、ボツワナ政府はこの会社の15％の権益を有し、残りの85％の権益を有するボツワナRST社の株式の30％を有している。つまり、この会社の40.5％を実効支配している。同社はフィクエのニッケル製錬所とセレビ・フィクエのニッケル・銅鉱山を操業している。

ソーダ灰では、**ボツワナ・アッシュ社**がある。政府は50％権益を保有している。同社は南アに対して、ソーダ灰、化学用塩、食塩の主要サプライヤーである。

このように、ボツワナ政府は主要鉱産物に対しては、国営鉱山会社を設立して権益を取得し、税金・ロイヤリティなどの徴収の他に、権益割合に応じた利益分配を受けて国家の収入にあてている。賢いやり方である。しかも、国営会社と組む義務は鉱業法上規定されておらず、企業側にとって自由であるが、独占的状況の下では国営会社と組んでおいた方が急な国の介入におびえることなく安心して運営できる。この国では、こういったやり方がうまくいっている。

カラハリ・カッパーベルトの一部が自然保護区となる

アンゴラ、ボツワナ、ナミビア、ザンビア、ジンバブエの一部地域にまたがり、世界有数のビクトリア滝も含まれるオカバンゴ・デルタとザンベジ川流域を包括する、フランスの半分の広大な地域が自然保護区とされることが南部アフリカ5か国首脳会議で決まった。オカバンゴ・デルタとは、ボツワナ北部、カラハリ砂漠の中にある内陸デルタであり、オカバンゴ湿地、オカバンゴ大沼沢地とも言う。面積は2万5,000km^{2}に及び、世界最大の内陸デルタである。

ボツワナの北部というとカラハリ・カッパーベルトが含まれる地域であり、今後の銅の探査開発は注意深く行わなければならない。

ボツワナに生息するチーター

ジンバブエ

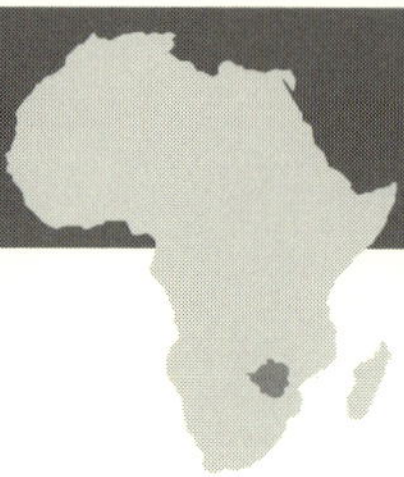

豊富な資源を活かしきれず経済の低迷が続く

白金族の宝庫

第一次大戦後にイギリス領植民地となった南ローデシアは、1965年に白人中心のローデシア共和国として独立し人種差別政策が進められたいたが、1980年の総選挙の結果、**ジンバブエ共和国**が成立した。

ジンバブエの主要産業は農業（たばこ、綿花）と鉱業である。

主要鉱産物は、金、白金族、クロム、ニッケル、銅、リチウム、石炭、石綿と幅広く産する。特に白金族生産量は世界の上位に入る。アフリカ南部を南北に走るグレートダイクという岩脈がジンバブエをも縦断するが、この岩脈に白金族鉱床が賦存し、グレートダイク周辺にもニッケル、銅、白金、クロムなどの鉱床が広がっている。

長期独裁政権で破綻した経済

かつてジンバブエが「南ローデシア」と呼ばれていた頃、著者はこの国を訪問した。当時は白人大規模農家による効率的農業が営まれて「アフリカの穀物庫」と呼ばれ、落ち着いた美しい国であった。独立後の白人支配により国連のローデシアに対する経済制裁が行われ、また解放ゲリラ活動が盛んになった。

1980年にジンバブエとして独立、ムガベが首相に就任、1987年からは大統領に就任した。2000年より白人農場を強制収用する土地改革「ファースト・トラック」を開始し、農業が崩壊していった。白人の資産を没収、株式を接収

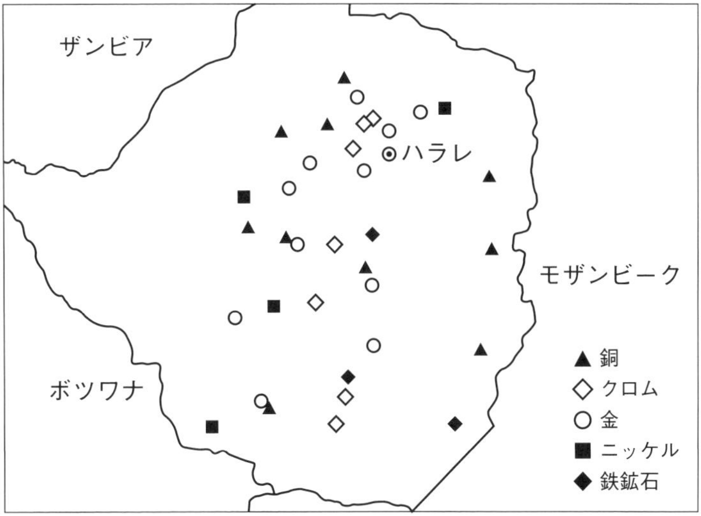

ジンバブエの主要鉱山

ジンバブエの白金族

鉱種	埋蔵量	生産量		日本の輸入依存度
		プラチナ	パラジウム	
白金族	世界第２位 （1 位は南ア）	36.5 万オンス （2013 年予想） 世界の６％	7,400t （世界３位 3.6％）	輸入実績なし

出典：World Metal Statistics Yearbook 2012、日本貿易月表他資料より

し、資金がこの国から逃げて行った。

さらにムガベ大統領 4 選後、不正選挙が取り沙汰され、欧米諸国、IMF、世界銀行、アフリカ開発銀行が資金協力を停止したことから、大量の資金がこの国から逃げていき、経済運営にも失敗して経済破綻した。2013 年のインフレ率 8.97×1020 %、月間インフレ率 800 億%、物価が 1 日で 2 倍というハイパーインフレを記録し、100 兆ジンバブエ・ドル札も出現した。国庫残高は 217 米

ジンバブエの首都ハラレ

ジンバブエのインフレ率

年	2001	2002	2003	2004	2005	2006	2007	2008
インフレ率（%）	132	139	385	624	586	1,281	66,212	100,580

出典：各種データから作成

ドル（日本円で1万9,700円）という事態にまで陥った。失業者が相次ぎ鉱業も衰退した。

2009年の複数外貨制の導入などの諸政策のお陰で経済混乱が収束に向かい、2009年には12年ぶりに経済成長を記録した。ただし、資本の現地化に関する法律の施行や巨額の対外債務、財政問題などにより依然として不透明な状況が続いている。

鉱物輸出の規制は緩和の方向へ

ジンバブエの鉱業政策は、国が鉱物資源の持続的な開発を行い、雇用の機会を作り出すことにある。特に優先度をもたせた鉱種はない。開発における環境問題は、プロジェクトの開始時および開発の段階において義務付けられている。

鉱山及び鉱物法は1961年に制定され、その後、幾度か改訂されている。全ての鉱物は大統領に付属し（一般的には国に帰属する)、人は鉱業活動を行う権利を鉱業コミッショナーに対して申請することにより求めることができる。鉱業活動は、現地および外国の個人や企業に開放されている。

2007年にジンバブエ政府から国会に提出された「国内における企業権益の51％を国内化する法案」が調印された。2012年3月にインパラ・プラチナ社は、国内の黒人企業に株式の51％を譲渡せよとのジンバブエ政府からの要請を受け入れた。同年6月、1年以内に株式の51％を黒人企業に譲渡するようにとの官報が発布された。さらに同年11月、未加工の白金の輸出を停止する措置の実施が検討されていると発表された。現在は同国の白金は南アで製錬が行われている。

加えて2013年3月、インパラ・プラチナ社の現地会社ジンプラット・ホールディング社が所有する鉱区の50％をジンバブエ政府が強制的に取得する意向であることを明らかにした。

クロム鉱石に対しては、2007年に輸出禁止措置が取られた後、2009年11月から18か月間、同措置を一時解除していた。2011年4月から再び輸出禁止措置が取られているが、2013年3月に再び同措置を2年間緩和することを検討していることを表明した。

2013年9月、ジンバブエ政府は、外国資本を誘致して経済を活性化するために同国の鉱物資源をいかに活用すべきかに関して、アフリカ開発銀行に助言を求めている。

ジンバブエ北西部のタングステン・プロジェクトが2014年から生産開始の予定、また中国企業が2014年からプラチナ生産に参入するとの報告がある。

ナミビア

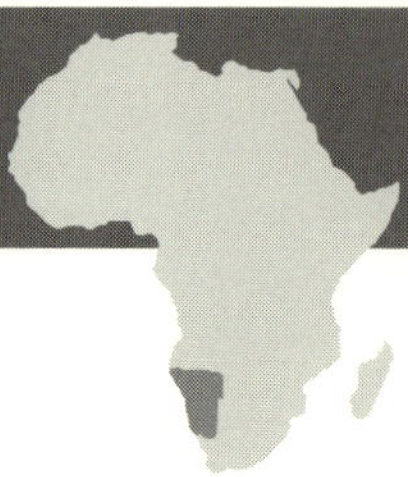

ダイヤとウランで急成長する新しい独立国

独立して歴史は浅いが経済は急成長

1990年に南アフリカ共和国から独立を果たした**ナミビア共和国**は、ダイヤモンド、ウランなどの豊富な地下資源を基に短期間に急成長の経済発展を遂げている。加えて近年、国際的にも関心を集めている同国南部沿岸沖の天然ガス田はさらに経済発展を牽引するであろう。世界有数の漁礁、牧畜に適した温暖な気候なども加え、サブサハラ・アフリカ諸国の中でも高い潜在力を有しており、自由で開かれた経済体制作りを目指している。

ナミビア経済は過去数年着実に成長している。経済成長の潜在的可能性は、外国投資家を誘致できるか否かに大きくかかっている。実際、経済成長は輸出収入と鉱業への民間投資から生まれてきた。ナミビアは国民1人当たり所得がアフリカ大陸で5番目に高く、人間開発指数が11番目に高い。しかしながら、同国には依然として社会的な課題がいくつかあり、それには高い農村部貧困率、大幅な所得格差、エイズの流行が含まれる。

ナミビア経済は、農業、漁業およびダイヤモンド採掘に代表される鉱業に大きく依存している。鉱業はGDPの約85％に貢献している。

ナミビア政府は、工業開発を主要目的とした国家開発戦略2030を採択した。その中では、工業の多角化、貧困者の支援、マクロ経済の強化、健康と教育の社会経済開発の促進を掲げている。

ダイヤモンドとウランが二本柱

ナミビアの鉱物資源としては、ダイヤモンド、蛍石、金、銀、銅、鉛、亜鉛、マンガンなどがあるが、最も重要な生産物はダイヤモンドである。また近年注目されている資源はウランである。

ナミビアのダイヤモンドは、漂砂鉱床として世界的に有名である。これはオレンジ川流域および海岸線の沿岸部と沖合に堆積している。世界で最も豊かな海洋ダイヤモンド鉱床で、およそ15億カラットが埋蔵されている。沖合ダイヤモンドの採掘技術の開発は、ダイヤモンド生産量増大に著しく貢献してきた。

ダイヤモンドの生産額でナミビアは世界第11位である。ダイヤモンド採掘はGDPの約9％に貢献している。鉱業はまた外貨獲得の45％に、設備投資の3分の1に貢献している。ダイヤモンドからの税収は総税収の約8％を占めている。

ナミビアはまた世界の主要なウラン生産国の一つである。ロッシン・ウラニウム会社の鉱山は、世界のウラン生産量の7％およびナミビアの総輸出量の

ナミビア西部に広がるナミブ砂漠。2013年、世界遺産に登録された。

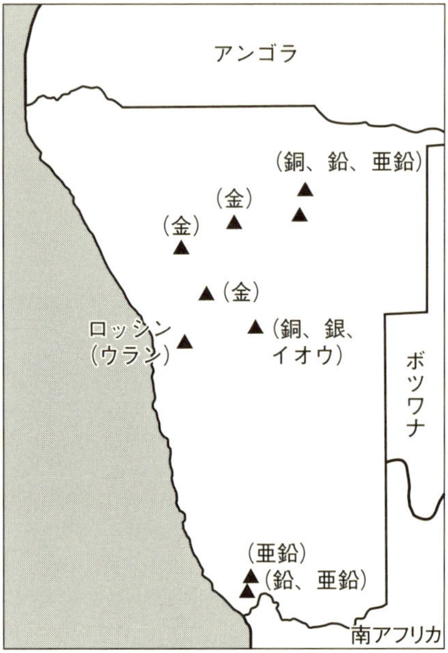

ナミビアの主要鉱山

ナミビアの主要金属鉱物生産量（金属分）

鉱種（単位）	2011 年	2012 年	対前年増減比（%）
銅鉱（トン）	3,400	8,000	135.3
鉛鉱（トン）	8,200	9,000	9.8
亜鉛鉱（トン）	19 万 2,500	19 万 3,600	0.6
銀鉱（トン）	−	1.0	−
マンガン鉱（トン）	4 万 1,900	18 万 8,900	351.0
ウラン鉱（トン）	3,258.0	4,244.0	30.3
亜鉛地金（トン）	14 万 6,000	14 万 4,500	−1.0

出典：World Metal Statistics Yearbook 2013

表 3-9-2　日本のナミビアからの鉱物資源輸入量（2011 年）

鉱種（単位）	ナミビア（A）	世界（B）	A/B（%）	ランク
粗銅およびアノード（トン）	875	4,352	20.1	2
亜鉛地金（トン）	4,511	77,881	5.8	5

出典：財務省貿易統計

10％を占めている。同国のウラン探鉱は1950年代後半に始まり、1960年代後半から大規模に行われるようになり、多くのウラン鉱床・鉱徴地の分布が判明した。既知のウラン資源量は3,258トンで、カザフスタン、カナダ、オーストラリア、ロシア、ニジェールに次ぐ世界第6位になっている。

ナミビアはアフリカ諸国において、銅、鉛、亜鉛の生産量で上位5カ国に入る。銅・鉛鉱山は国内の北部にある。オンゴポロ社はナミビア唯一の銅生産業者で、鉱山と製錬所をもつ。銅鉱山は5カ所ある。亜鉛鉱床はナミビア南部にあり、亜鉛鉱山は現在2カ所ある。

金の採掘と加工は、ナミビア中西部のンバチョブ鉱山で行われている。以前は銅製錬の副産物として生産されていた。

国営鉱山会社に主要鉱物の探鉱・探掘ライセンスを一本化

ナミビアの鉱業政策は2002年に策定された。その中で鉱業分野が持続的に国内の社会および経済発展に貢献する重要な産業であるとして位置づけられている。施策の主な点は、持続的鉱山開発のための探鉱と採掘への投資促進、すべての利害関係者の参加、国内企業の参入の促進、国内での最大限の選鉱を促進、小規模鉱業を標準化し発展促進、探鉱開発の技術研究開発の促進、人材開発、並びにそのための教育及び訓練施設の開発、マーケティング協定の促進、社会経済的発展の維持、環境政策の遵守、鉱業政策の定期的見直しなどである。

ナミビアの鉱業政策は、同国の鉱業部門を国際的な基準に合わせることを目指す一方で、自国の鉱物資源の開発からナミビアが利益を得られるようにすることを目指している。

近年、ナミビアでは鉱業憲章改訂や国営鉱山会社設立に加え、鉱石輸出税や超過利潤税の導入の決定など、資源ナショナリズムを強化する鉱業政策の見直しの動きが活発になっている。

2009年、ナミビア国営鉱山会社エパンゲロ鉱業会社が100％政府出資で設立された。2011年、ウラン、金、銅、ダイヤモンドおよびレアアースなどを含む戦略的鉱物の探鉱および採掘ライセンスを国営公社のみに付与されるとの閣議決定を行った。エパンゲロ鉱業会社は現在17件の探鉱ライセンスを有し、さらに今後18件を取得する見込みである。具体的には、同社は合弁パートナーをファームイン（鉱床・鉱区の探鉱活動などにおいて、その事業の権益一部を取得すること）の形で参入させ、権益持分（当初100％権益）を探査活動の節目で希釈し、最終的には少数権益（10～30％程度）を保有する形態での合弁探査が想定される。

エパンゲロ鉱業会社は政府100％出資ではあるが、その設立は特別法ではなくナミビア会社法（一般法）に基づく民間企業であり、一般的な民間企業との

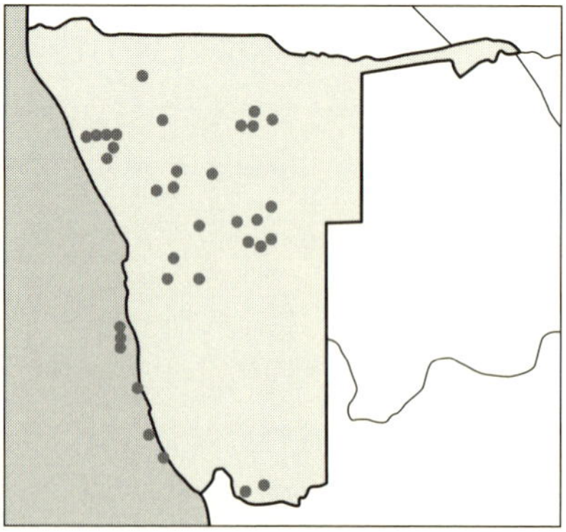

図 3-9-3　エバンゲロ鉱業会社の開発プロジェクト

違いは株主が政府であるということであると説明されている。したがって、税金やロイヤルティも民間企業同様に納付する義務を有する。

ライセンス関係では、2009年、ナミビア政府は、排他的探鉱ライセンスの新規申請や更新の際には現地株主所有権の導入や現地貧困対策への取り組みを求めることを発表した。

鉱石の付加価値税については、2011年、ナミビア政府は最大2％の鉱石輸出関税の導入および超過利潤税の導入を可能にする税制改正案を承認した。

なお、ウランについては2007年から新規のウラン探鉱ライセンス交付をストップしている。

小規模鉱山業者の権益を保護

ナミビアの小規模鉱山業者の数は約200に達している。ほとんどが1人の作業によって違法に行われている。小規模鉱山業者の権益を代表するために、ナミビア探鉱・採掘業者協会およびナミビア小規模鉱山業者協会が、また地質技術面のサポートを提供するためナミビア小規模鉱山業者援助センターが設立された。

小規模鉱山業者への資金的な援助は、鉱業部門資金援助システムから設立された鉱物開発協会が担っている。権利登録システムが小規模鉱山業者のために設立されてきており、鉱業法が大規模と小規模の探鉱と採掘活動の違いを説明している。

ナミビア政府は、小規模鉱山業が雇用の機会を提供しており中小企業の成長に貢献する企業家精神を促進するとして、小規模鉱山業者に必要な援助を提供している。

マラウイ

未調査資源の宝庫

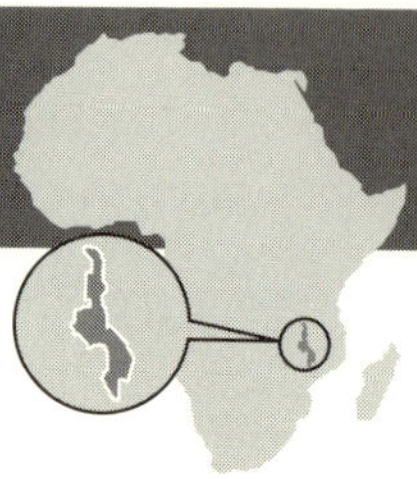

マラウイ共和国は、アフリカの大地溝帯に連なるマラウイ湖に寄り沿って位置する内陸国である。人口密度も高く、開発が最も遅れた国の一つである。マラウイの鉱物資源は十分に調査されていないが、現在わかっていることと地質構造上からそのポテンシャルは高いと思われる。近年では、そこに焦点を当てた動きが顕著になってきた。

マラウイ湖

レアアース資源に期待が高まる

マラウイの鉱物資源は、レアアース、ウラン、ニオブ、タンタル、ダイヤモンド、銅、ニッケル、金、宝石・貴石、石炭、石油、鉄・マンガン、燐灰石などが知られている。

この中でも、2011年に生産開始した同国北端にあるウランのカエレケラ鉱山は、ウランの輸出によってマラウイの輸出収入の約1割を占めるようになっている。その少し南にありFS段階のカンイカ鉱山は、ウランの他、ニオブ、タンタル、ジルコニウムを含む。マラウイ湖の湖底には大石油鉱床があり油が流出しているという。また、同国の北部と南部に石炭もあることは隣国モザンビークに豊富な石炭が存在することから納得がいく。

マラウイの主要鉱山

マラウイの鉱物資源生産量

鉱種（単位）	マラウイ（A）	世界（B）	A/B（%）	ランク
ウラン鉱（t）	846	51,875	1.6	10

出典：World Metal Statistics Yearbook 2012

近年、マラウイのレアアースに注目が集まっている。昔から南部アフリカにあるカーボナタイト岩体、アルカリ複合岩体にはレアアースが含まれていたことが知られていた。それが近年のレアアースのブームにより探査が活発化してきた。JOGMEC は南部のムランジェ山近傍でレアアースの探鉱を実施しており、ボーリング調査をして分析する段階にある。また、オーストラリアのジュニア・カンパニーがレアアースや黒鉛の鉱区を取得して探査を行っている。

鉱業を GDP の 10 %に引き上げが目標

マラウイは長い間農業主体の経済で、人口の約 80 %が田園部に居住する。主な外貨獲得は葉タバコの輸出で全体の半分以上を占める。このためタバコの業績が国の経済を左右する。2004 年に就任したムタリカ大統領によって、新たに鉱業、観光、製造業が外貨獲得セクターとして掲げられた。鉱業の GDP 比を 1 %から 10 %に上げる目標であったが、2011 年時点で 2 %に止まっている。

現在の鉱業法は 1981 年に制定されたものであるが、ライセンス取得の際の手続きや規制等の細部の規定が十分でなく、案件ごとに対処されるとか、投資家にとって躊躇するものであった。新鉱業法の制定と施行をうたったが、現在までに実行されていない。

地理情報システム構築に向け日本も支援に乗り出す

マラウイ政府による鉱物資源の調査は、首都リロングエから南に車で 5 時間行った旧首都のゾンバにあるマラウイ地質調査所が担っているが、予算不足と

ゾンバにあるマラウイ地質調査所正面玄関
（中央が著者、左隣が現・鉱業省次官で当時の地質調査所長）

人材不足でほとんど調査が進んでおらず、世界銀行や外国の支援を待っている状況である。

世界銀行はマラウイの持続的経済成長に向け鉱業を経済の牽引役とすべく、鉱業におけるガバナンスの向上、許認可手続きの効率化、環境社会配慮の適正化のためのレビューを実施した。マラウイ政府は、世界銀行から資金を借り入れて空中物理探査を実施し、国土の基礎情報、鉱物資源情報などを入れた地理情報システム（GIS）を構築することとした。しかし、未だに完成をしたという話は聞かない。この後、フランスを中心としたEUの支援で広域地質調査がなされることとなっている。

これに先立つ2012年から2013年初めにかけて、JICAが、マラウイ全土を日本のASTERとPALSARの衛星画像を解析し、地質図と共にGISを構築する事業を実施した。この事業は、マラウイに解析と構築に必要なハードウエア

マラウイでの地質調査

とソフトウエアを供与し、解析と構築をする技術をトレーニングして伝授した。これにより、マラウイには成果品が渡っただけでなく、今後、自ら新しいデータを解析、データベースを構築し、鉱物資源探査に活用していくことができるようになった。

さらに、日本企業へマラウイ参入を促すため、1年間を試験期間として日本企業にデータベースを使用してもらう配慮がマラウイ政府より図られた。技術協力の手法も、相手国の技術と人物を育て、日本にもメリットがあるWin-Winの道に入って行っている好例である。

モザンビーク

石炭と天然ガスで脚光を浴びる資源国のニューフェース

内戦終結後に資源開発が活発化

モザンビーク共和国は、資源豊かな国であるのに近年まであまり目立たなかった。1975年にポルトガルから独立後、初代大統領マシェルが死去した1986年から1992年まで続いた内乱の影響が大きい。独立当初はソ連、東ドイツなど東側諸国との関係が深かったが、1983年以降、経済開発支援の必要性から積極的な西側接近外交を展開してきた。資源が世界に知られなかったのは東側支配の影響でもある。

1990年代には平和の定着とともに毎年6％前後の経済成長をとげ、南アフリカなどからの投資も活発化し、アルミ精錬、ナカラ回廊計画などの大規模プロジェクトが実施されるに至っている。

ナカラ回廊は、モザンビーク北部に位置するナカラ港からマラウイに至る主要な回廊であり、鉄道と道路で構成されている。石炭などの天然資源開発のほか農業開発の促進にもつながる経済開発上重要なプロジェクトである。モザンビークのみならず、隣接する国で内陸国であるマラウイやザンビアでは、ナカラ港から自国への物流ルートとなるナカラ回廊には輸送能力強化による便益が期待されている。

今日、モザンビークが脚光を浴びるのは、レアメタルと石炭・石油・天然ガスなどのエネルギー資源である。いずれも世界規模で獲得競争が激しい資源であるが、モザンビークにはこれらが豊かに賦存することが分かってきたので外

ナカラ回廊

資が開発に乗り出してきた。

レアメタル資源も世界有数

モザンビークには商業的に重要な資源として、石炭（高品位の原料炭とコークス用石炭）、鉄鉱石、燐灰石、黒鉛、大理石、ベントナイト、ボーキサイト、カオリン、銅、金、タンタル、重鉱物砂（チタン、ジルコン）、珪藻土、宝石（貴石と半貴石）がある。このうち生産されている主なものとしては、アルミニウム、チタン、タンタル、ジルコンであり、2011年の世界の生産量に占める割合は、チタン鉱7％、ジルコン3％、アルミニウム地金が1％である。
鉄鉱石はテテ州にあり、オーストラリアの会社が現在プレFSを行っている。2015年に生産開始予定で、年産300万トンを目指している。

ナンプラ州においてブラジルのヴァーレ社はリン鉱石の開発プロジェクトのFSを行っている。肥料用にリン鉱石年産200万トンを目指している。

金の生産の牽引役はパン・アメリカン・リソース社のマニカ鉱山で、2012年に年間3万オンスが見込まれた。モザンビークの金生産高も2010年から2015年の間、年間平均36.5％の急成長率が見込まれている。

モザンビークの2009年のGDPのうち、鉱業の占める割合は1.4％となっている。2010年の輸出収入のうち、アルミニウムの輸出が50％を占め、天然ガスが6％、イルメナイトが4％となっている。現在モザンビークでは、石炭や、チタンなどの探査、開発準備が進められていることから、今後GDPにおける鉱業のシェアも増えていくことであろう。モザンビーク政府によると、同国の鉱業生産高は2010年から2015年の間、年間平均成長率29.9％と見ている。

また、モザンビークは南アに次いでアフリカ第2位のアルミニウム地金生産国である。オーストラリアからアルミナを輸入し、三菱商事が25％権益を所有する（BHPビリトン社が47.1％所有）モザール製錬所においてアルミニウムを生産している。低コストの水力発電によるが、他の鉱山開発などの需要が伸びてきたのでこれ以上開発を進めるには電力不足であることが課題となってきた。

国際協力プロジェクトで鉱物資源評価

モザンビークの鉱物資源は多くの種類を産するが、十分な調査はされていな

モザンビークの主要金属鉱物埋蔵量

鉱種（単位）	モザンビーク（A）	世界（B）	A/B（%）	ランク
タンタル（t）	3,200	12 万	2.7%	3
ジルコン（t）	120 万	5,200 万	2.3%	6
ルチル（金紅石）（t）	48 万	4,200 万	1.1%	7
チタン鉄鉱（イルメナイト）（t）	1,600 万	6 億 5,000 万	2.5%	9

出典：Mineral Commodity Summaries 2012

モザンビークの主要鉱山

い。そこで、世界銀行が推進する鉱物資源管理能力開発の地質インフラ整備プログラムの一環として2002年に地質調査と鉱物資源評価のための新プロジェクトが開始され、2007年に改訂版地質図とデータベースが出来上がった。

このプロジェクトは、世界銀行、アフリカ開発銀行、北欧開発基金、モザンビーク政府、南ア政府が出資し、南アフリカ地球科学委員会、モザンビーク地質調査所、モザンビークの民間コンサルティング会社で構成されるコンソーシアムが、空中物理探査、地質調査、地化学探査、資源情報システムの確立、文書化センター、地質博物館の復興、地質調査所の拡充、機関改革などを実施した。

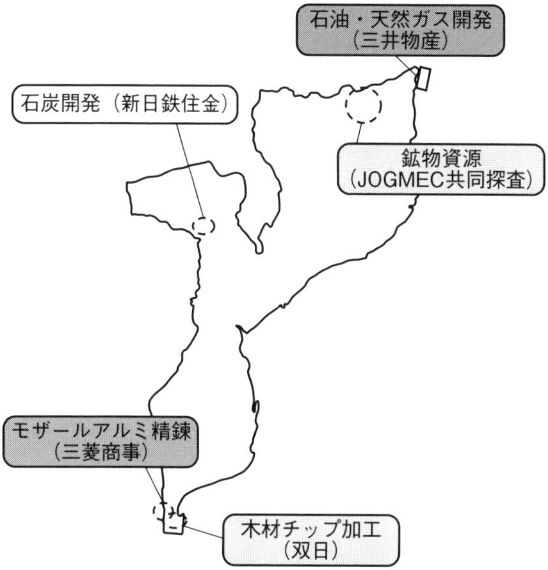

モザンビークの日系企業事業位置図

石炭資源はアフリカ最大

北西部のテテ州にはアフリカ最大ともいわれる石炭資源が賦存している。ブラジルのヴァーレ社が2011年から生産しているモアティゼ炭鉱がある他、オーストラリアのリバースデール社が65％をもち、インドのタタ社が35％の権益をもつベンガ炭田、新日鉄住金と日鐵商事が33.3％の権益を保有するレブボー炭田などの調査や開発準備が進められている。リバースデール社のザンベゼ炭鉱は、2014年までに年間4,500万トン、さらに年間9,000万トンまで生産を伸ばせるポテンシャルがあり、同国最大、世界でも最大級の炭鉱の一つになると見込まれている。

モザンビークの石炭生産高は、2010年から2015年の間、年間平均32.3％の急成長率が予想されている。

調査会社フロスト・サリバン社は、「モザンビークが今後3〜5年間で原料炭の一大生産国となる」と述べている。さらに同社は、「モザンビークでは今後、鉱物や鉱床の開発、機器購入、鉱業インフラのアップグレードに対する直接投資が急拡大する」と予想している。

モザンビークは、インド、中国を筆頭に需要が伸びるアジアにつながるインド洋に面しており、それらの国々への輸送コストが比較的安いという戦略的有

モザンビークの主要金属鉱石・地金生産量（2011年）

鉱種（単位）	生産量	備考
チタン鉄鉱（t）	36万4,300	
ジルコン（t）	4万	
タンタル（t）	120.0	
ボーキサイト（t）	1万400	
アルミニウム地金（t）	56万1,700	オーストラリアから原料のアルミナを輸入

出典：World Metal Statistics Yearbook 2012

利さをもっており、将来、南アに次ぐアフリカ第二の石炭輸出国になるであろう。

天然ガスの開発も始まる

近年、モザンビーク沖の大水深海域で巨大なガス田が見つかり、ホットニュースとなっている。これはタンザニアと続いている海域であり、両国沖はアフリカの新たなエネルギー賦存域として脚光を浴びている。ここに連続する海域でさらなる開発が進めば、世界屈指の天然ガスの供給地となる可能性がある。

脚光を浴びている会社は、米国アナダルコ社と共同事業を行っている三井物

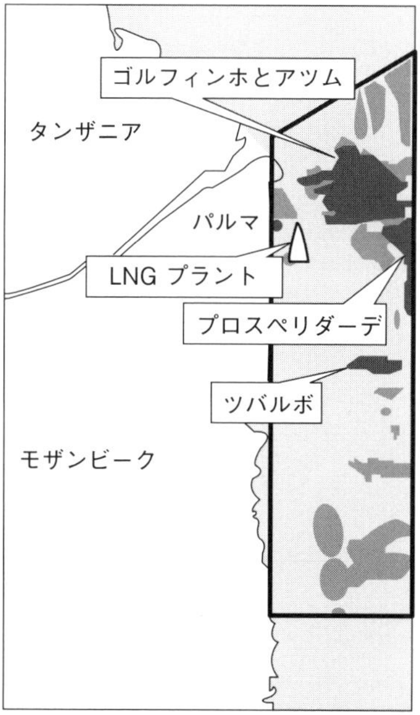

モザンビーク、タンザニア沖合の天然ガス地帯

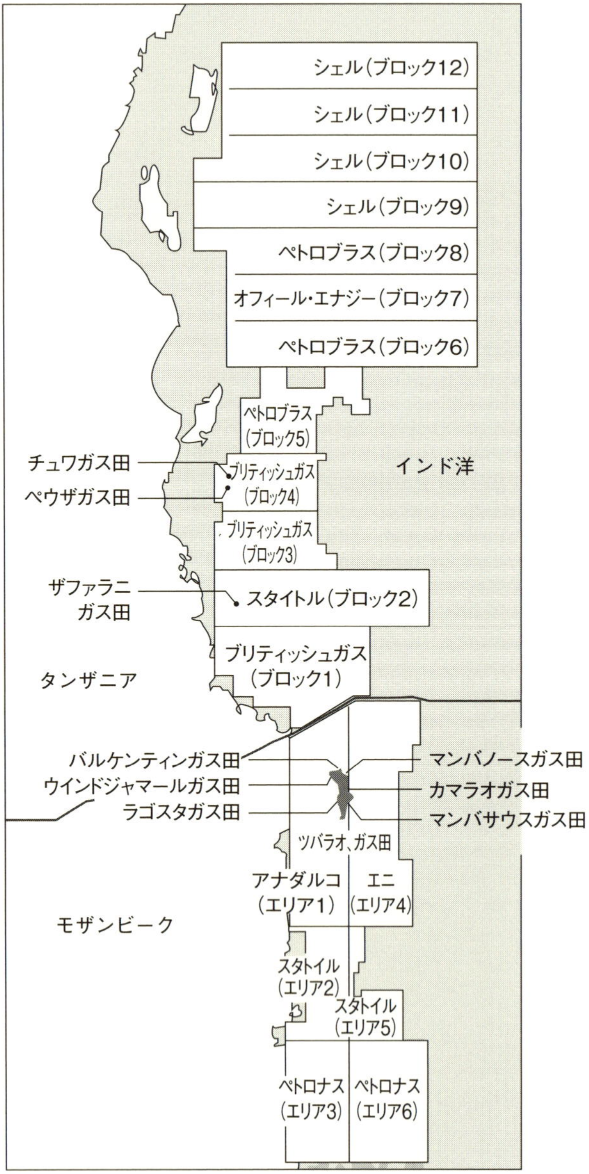

出典：JOGMEC NEWS を元に作成

東アフリカ深海のガス田発見鉱区と周辺鉱区、並びにガス田

産である。2012年に発見されたガス田の現時点での埋蔵量は35兆～65兆立方フィートとみられ世界有数の規模である。今後、両社に加え、モザンビーク、インド、タイの国営会社などからなるジョイント・ベンチャーを立ち上げ液化天然ガス事業を考えている。2018年に操業を開始し、第一段階の生産規模は年産1,000万トンを目指している。

鉄道・港湾施設の建設が緊急の課題

こうしたモザンビークにあっても課題は多い。それはインフラ面の制約で、鉱業の急発展を妨げかねない。代表的な課題としては、道路・鉄道輸送、電力不足、技能不足、環境（特に水質）への影響が挙げられる。

特に石炭生産における鉄道・港湾施設などのインフラ建設は緊急重要課題で、政府は民間地元企業の強化にもつながる官民パートナーシップを推進している。ヴァーレ社はテテ州におけるプロジェクト拡大に、モザンビーク政府と同国北部の鉄道輸送インフラ整備に関する合意を締結した。

さらにモザンビークにとっての問題は人材不足である。人材が育ち自国民の手で探査発見され開発に向かっているわけではなく、外国企業の参入によって探査発見、開発に向かっているわけで、人数、質ともに技術者・技能者育成が追いついていない。また、経済の発展を支えるように官僚機構の充実が図られたわけでなく、急速な鉱業の発展により、鉱業を管轄する役人の育成が追い付いていない。このことはモザンビーク政府も認識しており、人材育成を最大の目標として日本政府などに要請している。

2014年に鉱業法改正

モザンビーク政府は鉱業の成長を促すため、民間投資や外国投資を積極的に誘致している。1999年に行われた鉱物資源省と世界銀行による共同鉱業政策レビューにより、鉱業の開発を阻む四大制約が明らかになった。

モザンビークの首都マプト

それは、国土についての地質学的情報の不足、法規制の枠組みの未整備、鉱業セクターの政府機関の能力不足、インフラの未整備などである。これに続けたセミナーが開催され、緊急な対策としての課題として、新鉱業法制の導入、関連政府機関の能力向上、地球科学データの収集・加工、鉱業権の付与手続きの改善と専門セクションの設置が特定された。

これを受け、2002年に改正鉱業法、2003年に改正鉱業規則が制定され施行された。現在、再び鉱業法の改正法案が2014年第1四半期での国会承認を目指して進められている。

鉱業法の改正点は、基本的には不明瞭規定の明確化であり、資源ナショナリズムの方針も盛り込まれるであろう。内容は明示されていないが、税やロイヤリティ制度は変更されず、将来の政府参入への体制を整える内容と見られている。生産の迅速化、ライセンスや新規事業立ち上げ手続きの迅速化・簡素化、トレーニング義務なども含まれる模様である。

鉱業は重要な歳入源であり、モザンビーク政府としては徴収制度の効率化を推進すると共に、税の透明性の一環として、政府へ鉱山会社の全ての収支の報告をすることを要求している。

国営企業の参画を促進

資源ナショナリズムはモザンビークにも及んできたが、国による収用などの強引なやり方ではなく、国営企業の参画、国内企業の参画促進などによっている。

2009年に国営企業の**モザンビーク探査・鉱山会社（EMEM）**が設立された。EMEMは、国の鉱業の成長促進において積極的な役割を果たすことを目的とし、地質学的鉱物探査、鉱物資源のボーリング調査の実施、鉱物製品の生産と販売、企業への助言・相談・技術支援、国内外の他企業とのパートナーシップの構築などを行うとしている。この会社の資本の50％は国が保有、35％は国の持ち株会社IGEPEが保有、15％を鉱業基金が保有している。

鉱業法の見直しでプロジェクトへの国営企業の具体的参入が決定される。石油セクターでは国営企業の事業株式持ち分が15％で、他のセクターもこれに追随する可能性が高い。

モザンビーク政府は新規鉱山プロジェクトにおいては国営企業の権益を5％から25％へ拡大し、さらに特定品目に係る生産および販売許可に関しモザンビーク国内企業の参画促進が図られるよう準備を進めている。

零細・小規模鉱業の促進策

鉱業に影響を及ぼす社会問題として、環境問題、地域コミュニティの態度、零細・小規模鉱業などが挙げられる。

モザンビークの場合、環境問題については、他の多くの国に比べれば今現在はさほど大きくはないが、メガプロジェクトの操業により環境問題が悪化する可能性がある。これからの開発には環境への配慮が必要である。

鉱山開発は人里離れた土地で行われることが通常であるが、そこにも人は住んでいて、自給自足の村落などの移住を必要とする事態が発生する。また、鉱山開発により域外から労働者や家族が移り住んでくる事態も生じる。そこに移出者、移入者、コミュニティの様々な問題が生じる。ヴァーレ社により移住させられた人々にも不満が生じている。鉱山開発にはこういったことへのきめ細かな対策が必要である。

零細・小規模鉱業は世界的な課題である。採掘している当人たちにとっては収入を得る貴重な道であり、多くの人がこれに頼っているが、政府にとっては不法採掘であり、環境保安の面からも、徴税・鉱区管理の面からも放置しがたい問題である。また、その根底には貧困と、掘ればお金になる鉱業の特性が潜んでいる。また国情、掘る対象鉱物によっても状況は異なってくる。

2008年にゲブーザ大統領は、零細・小規模鉱業は地域社会と地域経済開発にとって、また田園部の郡を開発拠点へ変貌させるという政府目標の達成にとっても極めて重要だと宣言した。

モザンビークの零細・小規模鉱業では、金、宝石（アクアマリン、トルマリン、ガーネット、ルビー）、骨材、砂利、建設用砂、石灰石、セラミック粘土、装飾用石材、リン酸堆積物のグアノを生産している。中でも金、宝石、グアノについてはモザンビークのほぼ全てを生産している。

モザンビークでは約10万人が零細・小規模鉱業に直接関与し、田園部や貧困地域では50万人以上が生計を立てている。零細・小規模鉱業は同国のGDPにプラスであるだけでなく、田園部の住民の多くにとって重要な生活の糧なのである。

こういった状況に鑑みモザンビーク政府は、モザンビーク人に限り、政府が零細・小規模鉱業用に指定した特定区域で採掘することを許可している。採掘許可は、その地域のコミュニティに属する人だけを対象として採掘パスを発行する形で与えられる。政府は、零細・小規模鉱業の促進と技術・財務支援を具体的業務とする鉱業基金を設立した。最近の情報では、鉱業基金はモザンビーク中部の零細・小規模鉱業の約30％を支援しているという。鉱業基金は、鉱山のアップグレード、小規模鉱業の探鉱と埋蔵量のアップグレード、零細鉱業者組合の合法化、鉱業者組合への採掘器具提供、道路アクセスの提供、零細・小規模鉱業の生産物の安全な市場の確立などを支援している。

こうした結果、10州に62の指定区域が設けられ、174の採掘パス（零細・小規模鉱業者ライセンス）が交付された。登録鉱業者組合の数は57で、計6,127名のメンバーを擁している。

2011年にナンプラ州北部でトルマリン鉱床が発見されたとき、モザンビーク国内他地域のみならず、はるばる大湖地域（コンゴ、ルワンダ、ウガンダなど）や西アフリカからも零細・小規模鉱業者が集まってきた。しかし、採掘条件が危険で不法鉱夫が数人死亡した。政府としては、名のある企業が秩序だった操業を行うことで、不法鉱夫が貴石を求めて這いずり回ることはなくなると期待している。

マダガスカル

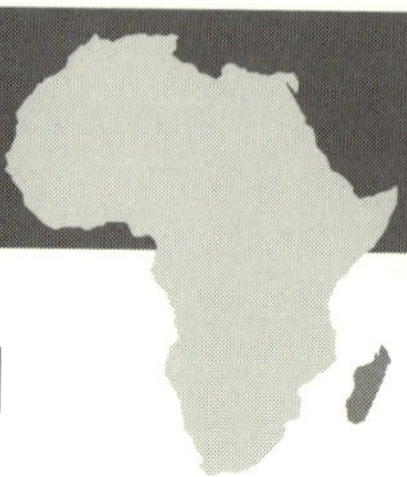

ニッケル開発が進む大きな島国

面積約59万平方km^2、人口2,200万人のアフリカ大陸の東側に位置する**マダガスカル共和国**は、以前はルビー、サファイアなどの宝石で有名だったが、2000年代に入ってから大規模工業への転換を図ろうとしている。

マダガスカルを初めて訪れた人は、「これがアフリカか？」と驚く。水田が広がり、のんびりした風情は、アジアの田舎を思い出す。それというのも、アフリカと言っても大陸と離れた島であり、インド洋を介してアジアとつながっているからである。思わず和んでしまう。

マダガスカルの田園風景

クーデター後の政情不安で経済が低迷

マダガスカルは、1960年にフランスより独立して以来、農業が基幹産業の社会主義的経済政策を取ってきた。1990年代半ばより国営企業民営化、投資法改正、貿易自由化などの自由化政策を強化し、1997年以降は一定の経済成長を遂げるに至った。2002年前半の政治危機は経済にも深刻な影響を与えたが、その後、徐々に経済も回復し、近年は石油価格高騰の影響を受けるも、観光サービス業が好況な他、鉱業分野での投資も活発化した。

2009年、反政府勢力が軍事クーデターを起こし、憲法に則さない形で暫定政府を発足させた。マダガスカルは年間国家予算の約半分を外国からの援助に依存する構造であったが、暫定政府に対し、JICAを含む主要支援組織は新規援助を凍結させたため財政が逼迫している。また騒動の影響で、観光業をはじめ経済の不振は深刻化している。2009年の経済成長率は−0.4％となり、2010年には−7.18％に悪化してしまった。投資家の多くは政情が落ち着くのを見守っている状況である。

マダガスカルの首都アンタナナリボ

選挙を実施し民主的で憲法に則した政府が誕生することを支援の条件としていたため、2013年末の大統領選挙が注目されていた。現職のラジョエリナ大統領の勝利で終わったため、クーデターで追放されたラジョマナナ前大統領側は投票の再集計を要求しており、2014年1月現在、決着はまだついていない。

小規模鉱業中心から合弁のプロジェクトが進行

マダガスカルは大陸から分かれた島であり、古い地塊も有し、鉱物資源の種類も多い。チタン鉄鉱、ラテライト・ニッケル／コバルト、クロマイト、レアアース、鉄、金、銅、銅・ニッケル・白金族、ボーキサイト、ウラン、ジルコン、石炭、石油など豊富な資源に恵まれている。しかしながら、未だ十分な開発が行われていない。採掘実績があるのは、小規模鉱業による金、グラファイト（良質）、金雲母（大型、良質）など、およびサファイア、ルビー、エメラルド、アクアマリン、水晶などの宝石類である。

金雲母鉱山跡

マダガスカルの主要鉱物埋蔵量

鉱種	マダガスカル（A）	世界（B）	A/B（%）	世界ランク
チタン鉱（TiO_2）（トン）	4,000 万	6 億 5,000 万	6.2	6
ニッケル（トン）	160 万	8,000 万	2.0	10

出典：Mineral Commodity Summaries 2012

マダガスカルの鉱石生産量

鉱種	マダガスカル（A）	世界（B）	A/B（%）	世界ランク
クロム鉱(グロス)(トン)	11 万	2,692 万 5,000	0.4	14
チタン鉱（TiO_2）（トン）	16 万 6,000	509 万 7,000	3.3	8

出典：World Metal Statistics Yearbook 2012

マダガスカルの主要鉱山

現在、操業中の鉱山、実働中のプロジェクトは、ラテライト・ニッケルのアンバトビー鉱山（住友商事とシェリット社の合併企業。2012年生産開始）、チタン鉄鉱（イルメナイト）のトラグナロ鉱山（QMM社、リオ・ティント社80％とマダガスカル政府20％の合弁会社。2009年生産開始）、同じくイルメナイトのトリアラ重砂プロジェクト、クロマイトのアンドリアマナ鉱山（クラオミタ社）、金（クラオマ社）、ソアララ鉄鉱床（武漢鋼鉄マダガスカル社）、石炭プロジェクト（パムとサコア社）などがある。クラオミタ社はマダガスカル唯一の国営鉱山会社である。しかも同社はクロム開発を行う国内唯一の企業である。

近年、マダガスカルにおいても中国企業が活動しており、2009年のソアララ鉄鉱床の入札では中国・香港の合弁企業が落札し、探査・開発権を取得した。

日本からの支援の期待は高い

マダガスカルの地質については、2003～2010年の世界銀行開発プロジェクトの賛助の下、世界トップクラスの地質調査機関（英国地質調査所、米国地質調査所、ドイツ地質調査所、フランス地質鉱山調査所、南ア地質科学委員会）により地質データのコンパイルが実施・完了している。

JICAは2008～2012年の間、マダガスカル南部の一部地域において、詳しい地質調査（精査）を実施した他、衛星データ解析、GISデータベース解析などを行った。

マダガスカルの鉱山大臣は女性であるが、地質調査、基本情報の整備など科学調査の重要性に理解があり、日本の支援に対しても深く感謝している。マダガスカルの地質調査所長も女性である。思えば、南ア、モザンビークなど南部アフリカには女性の鉱山大臣が多い。

JICA 支援による地質調査

マダガスカルの地質ブロックと鉱床位置図

アンバトビー鉱山

マダガスカル鉱山省

世界最大級のニッケル鉱山プロジェクトが進行

ニッケルはマダガスカルでもっとも高価値な輸出物の一つである。

アンバトビー鉱山は世界最大級規模のニッケル鉱山で、推定・確定資源埋蔵量は1億2,500万トンである。年産で6万トンのニッケルと5,600トンのコバルト、硫安約21万トンを30年間にわたり産出し、2013〜2014年では世界最大量のラテライト・ニッケル鉱を産出する鉱山である。

ここで採掘から地金精錬を同一国内で一貫して行うという世界的にもまれなプロジェクトが進められている。

日本の住友商事（権益27.5％、生産物の50％の引取り権を有する）、カナダの精錬会社セリット社（権益40％、オペレーター）とエンジニアリング会社SNCラバリン社（権益5％）、韓国の資源開発公社および同国3社（権益27.5％、生産物の50％の引取り権を有する）という国際チームを構成し、過去最大の外国資本を投入（55億米ドル、日本円約5,500億円）している。マダガスカルとインド洋地域の歴史の中で最も野心的なプロジェクトの一つである。

クーデター後、定まらない鉱業政策

マダガスカルの現在の鉱業関係法令には、1999年の鉱業法および2002年の大規模鉱山投資法などがあるが、2009年の軍事クーデター以後、鉱業政策は混沌とした状況となっている。

2009年9月にマダガスカル政府はいくつかの鉱業契約について見直しの必要性があることを示唆したが、2010年1月に鉱業契約の見直しは行わないことを発表している。また、2010年2月には、大規模な鉱業プロジェクトについては政府による参画を検討していることを発表したが、その後の具体的な検討については報じられていない。

しかしながら、2010年に世界銀行の融資を受けることができたのを足掛かりに様々な税制優遇措置などを行って投資を誘致している。国際的に認知され投資が戻ってくるのを現政権は待っている。

環境保護への配慮も求められる

マダガスカルの特徴的な問題として、環境マネジメントの課題がある。

マダガスカルは、よく知られている通り生物多様性ホットスポットである。アイアイやキツネザルなどの独自固有の種が多く生息する地であり、鉱業活動との共存方法が問われる。

これに対しマダガスカル政府は、2002年に保護地域を増やすため国家のコミットメントを出し、解決を図っている。また、法的枠組みとそのような環境への影響性評価（EIA）と戦略的環境アセスメントなどの管理ツールを使用して、積極的かつ包括的に鉱山活動における環境配慮を進めている。保護地域や国立公園の鉱業活動は禁止されている。

マダガスカルに生息するキツネザルを乗せた著者

タンザニア

ウラン開発か環境保全かで揺れる

タンザニア連合共和国は1961年にイギリスから独立以来、社会主義体制を取ってきたが、1980年代に入り経済は危機的状態に入り、1986年以降、世界銀行、IMFの支援を得て市場経済へと転換した。規制緩和などを通じて経済改革を推進した結果、1990年代後半から堅実なマクロ経済運営がなされるようになり1人当たりのGNIも1997年の210ドルから2011年の540ドルに上昇した。

2000年以降は鉱業や観光業を牽引力として順調に成長しているが、貧困削減に向けて人口の7割を占める農業分野の成長と生産性向上が最優先課題である。近年は、石油・天然ガスが発見され、新しいフロンティア国として注目を集め始めた。

金に代わってウランが台頭

タンザニアで生産される鉱物資源としては、金、銅、ダイヤモンドの他、世界で唯一、貴石のタンザナイトが生産されている。金の産出量は46.5トン(2011年)で、アフリカでは南ア、ガーナに続いて第3位の生産量である。金に関しては、金価格の高騰を受けて、各鉱山会社が生産能力の拡大のために投資を行った結果、金の生産量は対前年比10.4％増となった。

金以外にも、外資によるウランやニッケル、レアアースの探鉱も行われている。

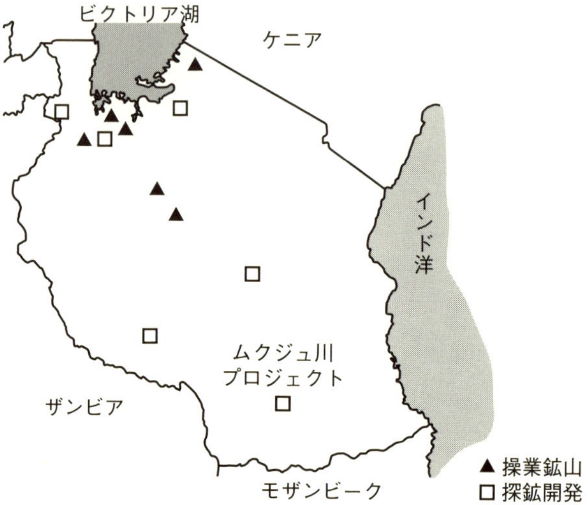

タンザニアの主な鉱山・開発プロジェクト

タンザニアの金属鉱石生産量

鉱種（単位）	2010 年	2011 年	2012 年	対前年増減比（%）
銅鉱（t）	73 万 1,700	78 万 4,100	78 万 1,600	−0.3
金鉱（t）	39.6	43.5	42.4	−2.4

出典：World Metal Statistics Yearbook 2013

主力の金の生産量は頭打ちになっているものの、金以外のウランなどの生産開始が予想され、依然として、ポテンシャルは高いといえる。2011 年の GDP に占める鉱業の割合は 3.8 %で、タンザニア政府は 2025 年までにこれを 10 %にすることを目標としている。

タンザニアの鉱物資源の賦存

金	ビクトリア湖の南、東および西のグリーンストーン帯
ダイヤモンド	タンザニア中央部および南部のキンバーライト・パイプ、およびビクトリア湖の金鉱地帯の南部
ニッケル、コバルト、銅、スズ、タングステン	タンザニア北西部
チタン、バナジウム、鉄、石炭	タンザニア南西部
ウラン	タンザニア中央部および南部
レアアース	タンザニア南西部ンガアラ （カーボナタイト鉱床：ニオブ、タンタル、リン酸）

ウラン開発と環境保全の両立が求められる

ウラン開発の進行に伴って環境問題が浮上している。タンザニア南部のムクジュ川プロジェクトは、セルー動物保護区内にある。この保護区はユネスコ世界自然遺産に登録され、大型哺乳類が数万匹生息する世界最大級の動物保護区となっている。

タンザニア政府が環境保護団体と開発鉱山会社の間に入りユネスコを巻き込んで出した結論は、動物保護区の境界線の変更であった。ユネスコより境界変更認可の条件として下記６点が出された。

① 代わりに新たな野生生物森林地域を併入。

② セルー・ニャサ回廊の保護を徹底する。

③ 保護区内での他の鉱山活動を認めない。

④ 投資者は保護基金に寄付をする。

⑤ タンザニア野生生物保護機関を設立し保護区運営に当たる。

⑥ 保護区内の開発については事前に世界遺産委員会の認可を得る。

タンザニア政府としてはまさに、資源を開発して現在の自国の発展に資するか、環境保全を第一に考え資源を子孫に残すかの判断を迫られたわけである。

こういった事例は世界の資源保有途上国で直面する問題であろう。

海底ガス田の発見も相次ぐ

アフリカの石油・天然ガス上流部門では、数多くの変化が次々に起きている。石油埋蔵量が豊富で、かなり長期にわたって石油探鉱・生産企業が活発に活動してきた国々「旧フロンティア諸国」（ナイジェリア、ガボンなど）と、つい最近まで天然資源といえばもっぱら鉱物と思われていたが次々と石油・ガスが発見され始めた国々「新フロンティア諸国」（タンザニア、ケニア、リベリア、シェラレオネなど）がある。

新フロンティア諸国のタンザニアでは、インド洋海岸沖に巨大ガス田が次々に発見されている。深海域のライセンスラウンドの4回目が開催されるし、陸上の石油探鉱区の権益もトータル社に与えるなど活気を呈している。タンザニアは資源戦略上見直さなければならない国である。

2010年に新鉱業法を施行

タンザニア政府は2009年に鉱業政策を制定し、それに併せて鉱業法を2010年に改正した。

新鉱業法の施行による影響が懸念されたが、旧鉱業法で認められた鉱業権などの条件はそのまま新法に承継されたため、混乱は避けられた。今回の鉱業法改正において、全鉱山の権益の10％を政府が保有するという案を下院が支持しており、現状の鉱業法に盛り込まれなかったものの今後ともこの動きに対しては注意する必要がある。

今後の新規プロジェクトには、政府への株式の売却、タンザニア証券取引所への上場などの制約があり、タンザニア鉱業発展の足かせとなる可能性もある。電力料金の値上げによる影響は不明であるが、電力不足の問題は、発電所建設の遅れもあり新規プロジェクトに与える影響は大きい。

タンザニア地質調査局

2016年までの5か年開発計画が2011年に国会で承認された。同計画には鉱山会社に対する超過利潤税の設定が含まれている。エネルギー・鉱物大臣は、超過利潤税は経済状況によって正当化される場合にのみ検討され、導入される場合でも既存プロジェクトには自動的に適用されることはなく、個別に交渉を行うとコメントしている。

2011年12月に発表した「中期戦略計画」によると、エネルギー・鉱物省は、爆発物法（1963年）の見直しの最終段階であり、また鉱物資源高付加価値化法の策定準備を進めているとのことであった。

ケニア

大地溝帯に資源が眠る新フロンティア

農業国からの脱皮

ケニア共和国は比較的工業化が進んでいるものの、コーヒー、茶、園芸作物などの農産物生産を中心とする農業国であり、農業がGDPの約25％、労働人口の約60％を占める。1990年代後半、異常気象で農作物やインフラに深刻な被害を受け、2000年にはマイナス成長になったが、その後、徐々に経済の回復基調を見せている。ケニアは東アフリカ地域の海運、空運のゲートウェイとして地域経済を先導している。

ケニアはソーダ灰、蛍石などの工業用原料を産出するが、金属資源は乏しい。鉱業部門のGDPに占める割合は1％に満たない。わずかに、金、鉄、銅、鉛・亜鉛の鉱山が一、二あるだけである。そういう説明が長い間、つい最近までなされていた。それが、大型地熱開発が始まり、内陸部に石油が発見され、沿海部ではレアメタル鉱床が発見され、状況が一変した。エネルギーとレアメタルの「新フロンティア」として資源国の一翼を担い、開発を牽引することとなったのだ。

続々と見つかるレアメタル資源

金の採掘は南西部のグリーンストーン帯で行われ、銅・金鉱山は南部にある。鉄鉱石は地元のセメント生産用に採掘されている。鉛・亜鉛鉱山は小規模なものである。

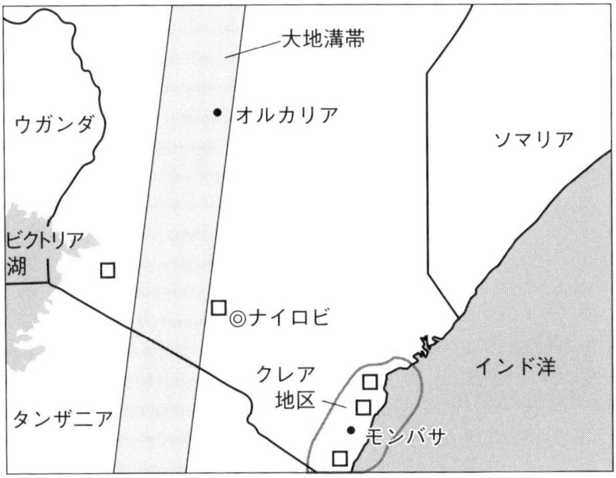

ケニアの鉱物資源プロジェクト位置図
□探鉱開発

2013 年、中国の江蘇省地質探鉱技術研究所は、鉱物資源探査を目的としたケニア全土の空中探査を実施することでケニア政府と合意した。

レアアースを始めとするレアメタルは東海岸沿海部に重砂鉱床として存在する。2000 年代初頭から調査がされていたが、2013 年 7 月にカナダのコーテック社がによりクレア地区で日本円にして約 6 兆円相当のレアアースが発見された。ケニアでこれまでに見つかった鉱物資源の中では最大規模で、この発見によりケニアは世界上位 5 位に入るレアアース生産国となる可能性がある。日本のレアアースの輸入先は中国に依存しており 2010 年は 82 %、輸入先の分散化を図った 2012 年でも 49 %であるので、日本と関係の良いケニアからレアアースが輸入できると心強いものとなる。

コーテック社は同じクレア地区で約 3 兆 5,000 億円相当のニオブ鉱（レアメタルの一種）も発見したと発表した。ケニアにとって、地熱、石油に続く力強い資源の登場である。

先行するオーストラリアのベース・リソース社は、ケニア東部で間もなく、重砂を生産する。フル生産時には、イルメナイト鉱石を年間33万トン（世界生産量の約5％）、ルチル鉱石を年間8万トン（世界生産量の約10％）、ジルコニウム鉱石を年間3万トン生産する予定で、鉱山寿命は11～14年とのことである。

また、中国の金川集団公司はチタン鉱区を所有するカナダのテイオミン・リソース社の子会社の株を70％購入して同権益を入手した。資源量は2億5,400万トンである。開発に至るプロジェクトを購入する中国式資源ビジネスである。

地熱発電への期待が高まる

ケニアは大地溝帯が国土の西部を南北に走っている。大地溝帯は地殻変動により地表が裂けて谷になったものでこの一帯は地下のマントルの上昇流があり、地熱温度が高く、地熱発電に適している。

2010年におけるケニアの総発電量1,533MWのうち、水力発電が50％、火力発電34％、地熱発電13％となっているが、水力発電の稼働が干ばつの影響で限定的であり、近年の経済成長で電力需要が毎年14.5％で増加することから、新規電源開発が緊急課題となっている。

ナイロビの北西約120kmに位置するオルカリア地域には豊富な地熱資源があり、政府は6カ所の発電所を建設中である。日本政府も円借款などで援助すると共に、日本企業も設計、工事などを受注している。豊田通商などが受注した140MW（14万kW）の地熱発電所2カ所の工費は、3,000億円で2014年4月完成を目指している。

ケニアではオルカリアのように地熱発電が可能な場所が20カ所あり、その潜在的発電容量は7,000MW（700万kW）になるとケニア電力公社では期待している。これは現在の総発電量の5倍近い数値で、計画が進むとケニアは電力輸出国になる。

地熱の噴気試験

オルカリア地熱発電所

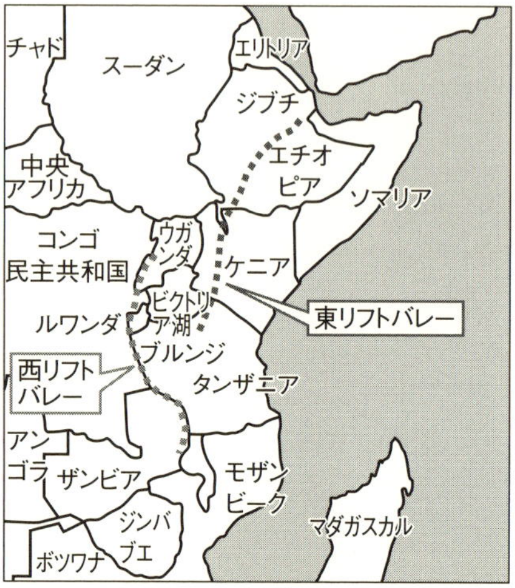

油田が発見された東アフリカ大地溝帯（グレートリフトバレー）の西側（ウガンダ）と東側（ケニア）

地熱開発には、資金調達だけでなく、能力開発、技術移転が必要である。日本も人材育成・技術協力で支援しているが、ケニアはアイスランドを拠点とする国際連合大学地熱エネルギー利用技術研修プログラムの研究者など国内外の専門家たちと協力している。今やケニアはアフリカにおける地熱開発のリーダーとなった。

大地溝帯で石油も発見

2013年、英国の石油開発会社テュロウ・オイル社がケニア北西部のトウルカナで石油を発掘したと発表した。ここは大地溝帯の東側の位置である。ウガンダで初めて石油が見つかったのは大地溝帯の西側の位置であり、東アフリカではそれ以来の発掘となった。現在の掘削は地下1,000m程度であり、さらに地下2,700mまで掘削する計画だという。この地帯の堆積盆地には他にも石油賦存の可能性があり、複数の会社が探査を実施している。本格的な石油探査が進み、さらに他の油田が発見され石油量が増すことが期待される。

日本政府もケニア政府と石油探査で合意した。JOGMECとケニア国営石油会社（NOCK）が2013年から共同で調査に取りかかる。費用の日本側負担は10億円であり、その他石油の探査・開発のための専門人材育成にも協力する。日本は石油開発に関わるインフラ輸出にも期待している。

鉱業法が70年ぶりに改正

ケニアの鉱業法は1940年に英国によって導入された。今までこれといった鉱物資源もなく長らくそのままであったが、近年の新たな資源エネルギーの発見と今後の探査・開発の活発化を鑑み、また資源ナショナリズムの台頭もあって、今後3年間で鉱業法を現状に適するように改正する予定であると発表された。鉱業のガバナンス、利益の分配、透明性を改善するとしている。

1994年に外国投資法が制定され、外国投資のガイドラインを明らかにしている。1982年には外国投資の受入れ窓口として投資促進センターが設立され、現在では新規案件は同センターの許可が必要となっている。

2013年10月、ケニアのバララ鉱山長官は、新法では大規模鉱山プロジェクトの権益10％を一律で政府が接収する計画であることを明らかにした。対価は支払われないという。ケニアでは外国企業がインフラ不足や時代遅れの法制度を敬遠して投資に及び腰で鉱山開発はほとんど進んでいない。

ケニア政府は問題解決や法制度見直しに取り組む一方、国家予算の逼迫を軽減するため、国内で操業する鉱山会社から得る収入を拡大する意向を明確にしている。

さらに2013年1月から5月までに発行した探鉱と採掘のライセンスを無効にすると共に、ロイヤルティを引き上げるとした。これまでレアアース、ニオブ、チタンのロイヤルティは3％であったが、これを10％に引き上げ、金では2.5～3％であったものを5％に引き上げるとしている。

エチオピア

かつての資源国は甦るか

王制から社会主義を経てアフリカ外交の中心地に

エチオピア連邦民主共和国は、1974年の軍事革命により社会主義国家宣言をするまで王制国家であった。王制最後の時代に日本鉱業（現在のJX日鉱日石金属）が大型銅鉱山開発を行っていたことを知る人は今は少ない。

エチオピアは、アフリカ連合（AU）や国連アフリカ経済委員会（ECA）の本部が置かれるアフリカ地域の外交の中心地の一つである。その形状から「アフリカの角」と呼ばれる地域の安定勢力として、ソマリアの安定化やスーダン和平に積極的に関与している。

1人当たりの国民所得（GNI）は、410米ドル（2012年）で、2004年以降平均10％以上（2012年は8.5％）という高い経済成長率を維持しているものの、小規模農家による天水に依存した農業、未成熟な製造業、増加しつつある対外借り入れなどと相まって、物価上昇率（2012年22.8％）、失業率（2012年17.5％）は高く、経済基盤は依然脆弱である。主要産業は農業である。現在は市場経済主義を取り入れている。

北部のエリトリア州の分離独立によりエチオピアは内陸国となった。エリトリアは1890年にイタリアの植民地となり、1942年にイギリスの保護領となり、1952年国連決定によりエチオピアと連邦を結成した。1962年のエチオピアへの併合決議より反エチオピア運動が活発になり、1972年にエリトリア解放戦線が結成、1993年、エチオピアより独立した。エリトリアは金、銅、鉛、鉄、

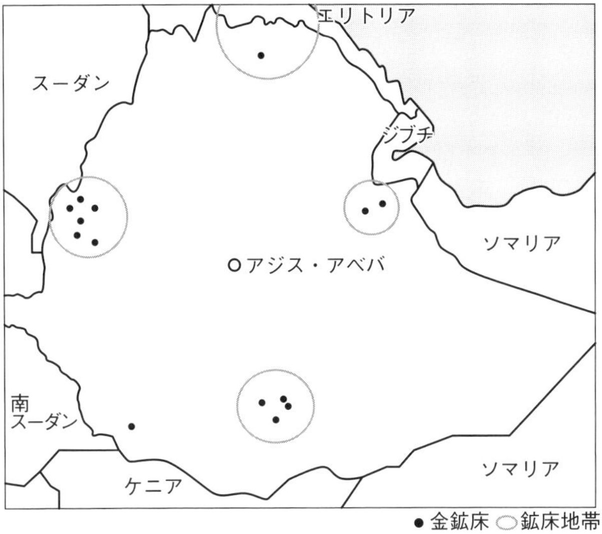

エチオピアの鉱床

マグネシウム、クロム、ニッケル、プラチナなどの鉱物資源、石油、天然ガスなどのエネルギー資源を有する。

首都アディス・アベバでアフリカ鉱山大臣会議開催

エチオピアの鉱業のGDPに対する貢献は１％以下と少ない。現在の鉱業活動として、タンタルとソーダ灰が報告されている。その他、カオリン、石材などの工業用鉱物の採掘がある。砂金および金鉱業以外に金属鉱業の活動は報告されていない。かつてエチオピアにあった多くの有望鉱物資源は、分離独立したエリトリアに属してしまった。

銅鉱床は北部が有望で、鉛は南東部にごく小規模の鉱床が、ニッケルは南部にラテライト鉱床がある。金鉱床は、北部と西部にある。

南部では石油・天然ガスの探鉱が行われている。近年、東アフリカ諸国で、石油・天然ガスの発見が相次いでおり、期待がもたれている。

2011年、AU主催による第2回アフリカ鉱山大臣会議がエチオピアの首都アディス・アベバのAU本部にて開催された。会議では、鉱物資源分野における資源管理、インフラ投資、環境、人材育成などについて話し合われた。

2009年に開催された第1回会議では「Africa Mining Vision」が採択され、経済成長における鉱物資源開発の重要性について認識共有がなされた。その後の研究会で、現在の金属市場の動向、中国やインドなどの新興国による投資動向、採取産業における透明性向上の潮流、アフリカにおける資源に関連する各種インフラの開発可能性などを分析し、資源開発による利益を極大化させるための方策について提言を行っている。

2011年の会議の行動計画では、ロイヤルティなどの歳入の適正管理、地質や鉱山情報の整備、人材育成、環境、インフラなど9分野について具体的な取り組みが規定されている。AUはアフリカ開発会議（TICAD）の共催者となることも謳われている。

外国企業と共同で金の探鉱が始まる

近年は金属鉱物資源に対する探査も活発化してきている。エチオピアでも中国の進出は目覚ましい。中国金属鉱山探査開発局とエチオピア鉱山省・地質調査所が協力に係るMOUを締結したことにより、重慶市鉱山局がエチオピア国内の南部および南西部120km^{2}のエリアに対し地質図作成を行うこととなった。

本プロジェクトは、これまで調査が十分に行われてこなかった地域を対象として地質・物理探査に係る図面を作成し、必要に応じ試錐調査を行うものである。期間は5年（2013年より現場調査開始）、予算規模1,000万米ドル（初年度の予算額300万ドル）、実施に当たっては中国金属鉱山探査開発局から40名の専門家を派遣する予定である。現在発行されている56件の探鉱ライセンスのうち大半は北部および西部を対象としたものであり、これらの地域は中国地質調査局が2008年から2010年に地質図作成を支援している。

また、エチオピア政府は国内北東部とジブチとの間を結ぶ32億米ドルの鉄道整備契約を中国企業およびトルコ企業との間で締結した。エチオピア北東部ではカナダの会社などがカリウムのプロジェクトを開発中であり、整備される鉄道はカリウムの運搬などに利用する計画である。

さらに2007年のことであるが、中国・エチオピア共同探鉱プロジェクトの最初のボーリング探査で高品位の銅・亜鉛・金鉱床を発見した。共同探鉱は2007年9月16日から開始され、最初の深度130mのボーリング孔で厚さ60mの鉱体を捕捉し、そのうち30mは高品位の銅・亜鉛・金鉱床である。

その他、2011年にはブラジルのヴァーレ社が金探鉱を開始したり、南アフリカのJCI社が金とベースメタルの探鉱に乗り出すなど、活気が伝えられている。

かつては日本もエチオピア進出に積極的だった

日本は1960年代後半から1970年代初め、銅資源の確保に緊急な必要性を感じ、コンゴ民主共和国と時を同じくエチオピアに対し官民連携で資源調査を支援した。

1971年に海外技術協力事業団（現在のJICA）による「エチオピア鉱物資源探査のための技術協力計画設定に関する予察調査」、1974年に国際協力事業団（現在のJICA）による「エチオピア帝国西部地区鉱物資源開発協力基礎調査」が実施された。

さらに銅鉱床の本格探査を目的とし、1971年から1973年にかけて金属鉱物探鉱促進事業団（現在のJOGMEC）と民間企業の共同で「海外地質構造調査エチオピア北部地域」が実施された。調査は、北部のエリトリア州とチグレ州で行われた。主対象地域はエリトリア州であったが、その後、エリトリア州は分離独立した。チグレ州ではボーリング3本実施したが、優勢な鉱徴は確認できなかった。

日本鉱業（現在のJX日鉱日石金属）はエリトリア州において、銅鉱床を対象に立坑と水平坑道を掘り、第一船の鉱石を送り出したところまで行っていた。しかし、1974年の革命で反政府ゲリラに襲撃され、鉱山施設の一部を爆破されて国外脱出を余儀なくされた。脱出時も、米国などは軍用機が米国人を脱出させたが、日本の救援機は来ず、旧宗主国のイタリアの救援機で脱出した。これらを目にした日本の鉱山会社の経営者は、軍事の後ろ盾がない日本はアフリカには進出できないと感じたという。

鉱業への民間投資参入を積極化

1991年からエチオピア政府は、政治、社会、経済の改善を目指した政策を実施している。新経済政策における最も重要なものとして、鉱業部門における民間投資の完全参入を認めた。エチオピア政府は鉱物資源開発に国際的な鉱業会社を招来するため、極めて競争力のある法制と財政政策を制定している。これをさらに競争力のあるものにするため、政府は鉱業関連法規の改正をたびたび行ってきた。

1993年6月に新しい鉱業と鉱業収入税布告が発布され、1994年4月には鉱業規則が発効した。1996年、鉱業布告No. 52/1993と鉱業収入税布告が改正され、1年間の排他的探査権、毎年2度の更新を伴う3年間の排他的探査権、無期限更新の20年間の排他的採掘権が認められるなど、投資家にはさらに有利になった。

エチオピア政府は、2％の鉱業権益を取得する権利を有している。また、鉱業収入に対して35％の所得税、鉱業ロイヤルティとして貴金属に5％、その他に3％をかけている。

ニジェール

ウランで勃興しつつある最貧国

ニジェール共和国は、2011年のUNDP発表の人間開発指数において187カ国中186位で、1日1.25ドル未満で生活する国民が全人口の43.1％を占めるなど世界で最も貧しい国の一つである。

ニジェールの経済は伝統的な農牧業と1970年代より急成長したウラン産業により成り立っている。産業の多角化は進んでおらず、経済状態は降雨状況や周辺国との関係などの外部要因に大きく左右される。2005年には、干ばつと砂漠バッタの発生による被害を受け深刻な食糧不足に陥った。

ウラン埋蔵量はアフリカ1位

ニジェールの鉱業のほとんどはウランの生産に依存している。その他、金、スズ、石炭、石灰石なども産出し、石灰石と石炭からセメントも作られる。

過去30年間以上にわたって、二国間協力、多国間協力によってさまざまな調査・探鉱がニジェールの広大な国土内で実施され、多くの鉱物の確認につながった。それらは、銅、ニッケル、クロム、モリブデン、コバルト、チタン、バナジウム、マンガン、リチウム、プラチナ、銀、タンタル、希土類元素、宝石、建設材料および工業用鉱物などである。その中で、鉄、リン酸塩、塩などは大量の埋蔵量が確認され、上述の通り、ウラン、石炭、石灰石、石膏、金およびスズなどは操業が開始されている。

ニジェールのウランの埋蔵量は世界で第5位（世界の7.9％）を占め、アフ

ニジェールの主要鉱山

リカでは第1位である。生産量は2009年時点で世界第6位であった。

ニジェールのウランは1969年に同国北部、サハラ砂漠の中央部に位置するアーリットで発見され、1971年より生産を開始した。これといって重要な輸出品のなかったニジェールにとって、アーリットのウラン鉱は経済発展の糸口となるものであった。1978年には近くのアクータ鉱山が生産開始をした。最盛期だった1980年代には世界のウラン需要の40％をこの2鉱山で賄っており、ニジェールの輸出額の90％を占めていた。

ニジェールは内陸国であり、アーリット鉱山のウラン鉱はベナンのコトヌー港まで運ばれ、そこから世界各地に運ばれる。アーリット鉱山はニジェール最大のウラン生産設備を有する。アーリット鉱山はソマイル社、アクータ鉱山はコミナック社の所有で、両社ともにフランスの原子力産業で世界最大手のアレバ社の傘下のアレバNC社とニジェール政府などとの合併企業である。ニジェールでのウラン生産はほぼ全量がこの2社からの生産による。インフラはこれら2鉱山の開発に合わせて砂漠の中に全て整えられた。電力は石炭火力発電、舗装道路建設には2社から資金負担もなされた。

さらにアレバNC社は大規模ウラン埋蔵鉱床であるイモウラレン鉱床の開発

ウランが埋蔵するニジェールの砂漠

主要鉱産物の生産量（ウラン分）

鉱　種（単位）	2007年	2008年	2009年	増減比（%）
ウラン（トン）	3,135	3,032	3,243	6.96

を行っており、年間4,000トン以上のウラン生産が見込まれている。同鉱山は原位置浸出法でウランを採取する予定であり、アーリット鉱山は露天掘り、アクータ鉱山は坑内採掘法である。

ウラン施設へのテロが相次ぐ

2007年4月、アレバNC社が開発中の大規模ウラン鉱床であるイモウラレン鉱山で武装集団による襲撃事件が発生した。2008年6月には、アーリット鉱山で働くアレバNC社職員4名がニジェール民族運動組織により拉致される事件が発生した。現地部族であるトウアレグ族は、ウラン権益の大半が政府に搾取されていると主張しており、ウラン権益をめぐる争いが続いている。

2013年5月、隣国マリのイスラム武装勢力がアーリットのウラン鉱山施設に爆弾を積んだ自動車で突入、爆発し、10人を死亡させたテロ行為が発生した。フランスによるイスラム武装勢力掃討の軍事介入に対する報復とみなされている。

このように国境辺境の地のウラン鉱山は危険を孕んでいる。

鉱業の多様化がこれからの課題

鉱山業界は長い間、ニジェールをウランの単一鉱物の生産国として位置づけてきた。1970年代のウランブーム、1980年代のウラン価格暴落を受け、ニジェールの鉱山政策は、鉱業の多様化に重点を置いている。

ニジェール政府は海外企業の誘致および投資の促進のために、新鉱業法と税制を改正した。優遇処置には、所得税の一定期間の免除、関税、付加価値税の免除、配当の自由化、非国有化の保障などがある。これらは海外の投資家と共に国内の投資家にも同様である。ロイヤルティは5.5％、所得税は45％で、商業生産開始から小鉱山は2年間、大鉱山は5年間の所得税免除がある。

ニジェール政府は、鉱業への共同投資者として鉱業部門で積極的な役割を果たしている。国の機関としては、探鉱プログラム策定などの責任を負うニジェール鉱山資源公社、地質や鉱山開発の技術研究を担う地質・鉱山研究所、既存のウラン企業の国家所有株を保有しウラン販売など商業取引の促進を行うソパミン社などがある。

ガーナ

金から石油・天然ガスにシフト

かつての「アフリカの優等生」も経済が低迷

ガーナ共和国は、農業・鉱業などに依存する典型的な一次産品依存型経済である。主要輸出品も金、カカオ豆、木材が上位３位までを占めており、国際市況および天候の影響を受けやすい。主要産業の農業はGDPの約30％、雇用の約60％を占める。

ガーナは1957年にイギリスから独立し、大規模インフラ案件の整備により開発の足掛かりをつかむが、1970年代後半から経済的困難に直面した。1983年から世界銀行主導の構造調整に取り組み、1980年代後半から平均５％の

ガーナ特産品のカカオ農園

ガーナの鉱産物の生産の推移

鉱種	1990年	1995年	2000年	2005年	2009年
金 （オンス）	54万 1,000	171万 6,000	245万 7,000	213万 9,000	312万 6,000
ダイヤモンド （カラット）	63万 7,000	63万 2,000	87万 8,000	106万 5,000	35万 4,000
ボーキサイト （トン）	36万 9,000	53万	50万 4,000	97万 3,000	42万
マンガン （トン）	24万 5,000	18万 8,000	89万 6,000	172万	100万 7,000

出典：ガーナ統計局資料より作成

ガーナの輸出額と鉱業の寄与

	2005年	2006年	2007年	2008年	2009年	合計	平均
輸出額 （億ドル）	8.64	12.39	15.75	20.89	25.47	83.14	16.63
鉱業の寄与 （%）	62.6	58.0	46.2	41.1	54.1	—	51.8

出典：ガーナ統計局資料より作成

ガーナの国家収入への鉱業の寄与

	2004年	2005年	2006年	2007年	2008年	2009年	
国家収入 （セディ）	5億3,330万 （約233億円）	6億4,460万 （約282億円）	7億3,410万 （約321億円）	9億1,020万 （約398億円）	12億2,250万 （約525億円）	17億9,100万 （約784億円）	合計 58億3,540万 （約2,553億円）
鉱業の寄与 （%）	9.4	12.5	10.0	13.5	14.7	19.8	平均 13.3

セディ＝約43.72526円
出典：ガーナ統計局資料より作成

GDP成長率を維持し、「アフリカの優等生」と評された。しかし、1990年代の金やカカオの国際価格の低迷、原油の輸入価格高騰などにより経済が悪化した。2001年、拡大重債務貧困国イニシアチブ適用による債務救済を申請し、経済改革を行った。近年、マクロ経済指標の改善が見られるが、多額の債務、インフラ整備、経済地域格差など課題も残っている。また、2009年の1人当たりのGNIは1,190米ドルとなり、世銀の分類で中所得国となった。

近年の大きな出来事として、2010年に石油の商業生産が始まり、2011年の経済成長率は13.6％を記録した。石油生産に伴い随伴ガスの開発も進む予定であり、ガーナは多くの国々から投資先として注目を集めている。金から石油、天然ガスに繁栄の基が移ってきている。

金生産量は南アに次いでアフリカ2位

ガーナの歴史は金の歴史である。17世紀には金で潤う部族のアシャンテ王国が権力も握り、奴隷取引の仲買もした。金は南アに次いでアフリカ第2位の

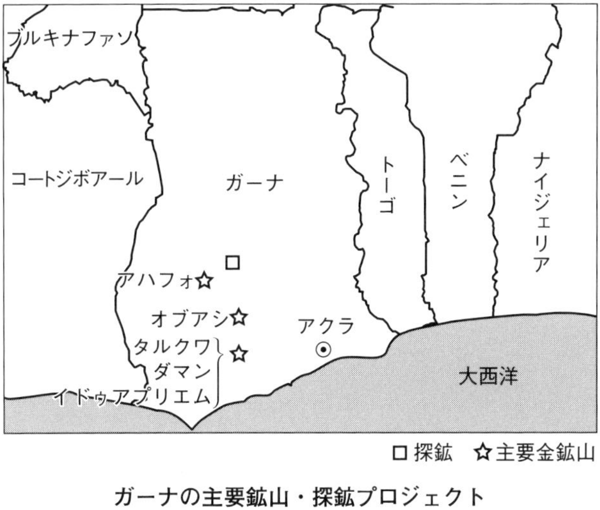

□探鉱　☆主要金鉱山

ガーナの主要鉱山・探鉱プロジェクト

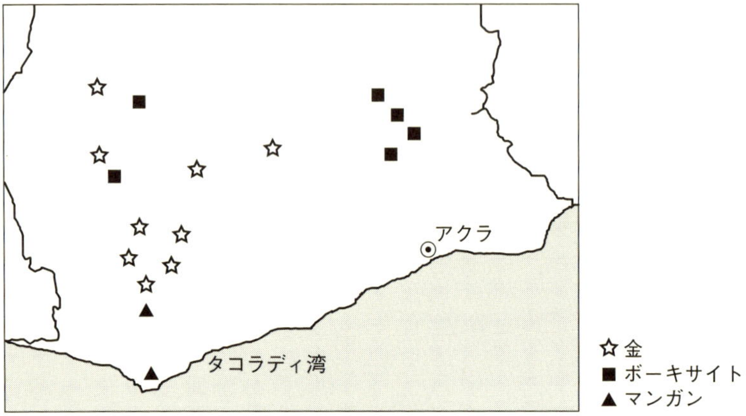

出典：Minerals Commission の資料を元に作成

ガーナ南東部の鉱床位置

生産量を誇る。主要金鉱山としては、世界11位のタルクワ金鉱山、同16位のアハフォ金鉱山があり、両鉱山共に露天掘りである。中央部の広いヴォルタ川流域には鉱物資源がなく、金鉱床地帯は流域を取り囲むようにガーナの北部、西部、南東部に賦存する。

他の資源としては、ボーキサイト、マンガン、ダイヤモンド、タンタルなどがある。ダイヤモンドは漂砂鉱床である。これらの資源はガーナ南東部の古い時代の安定地塊にある。ボーキサイトはあっても製錬技術がなく、原鉱として輸出されるだけである。

発電能力は豊富でも需要を満たせない

ガーナの公共事業部門は様々な時期に構造改革の対象とされ、商業化、競争化、民営化などの改革がなされてきた。現在、発電がヴォルタ川公社、送電がガーナ・グリッド社、配電がガーナ電気会社の3つの会社で運営されている。

発電能力は、世界最大級のアコソンボ・ダムを有する水力が1,100MW、石油も生産する火力が550MWの計1,650MWと豊富だが、一方で電力を輸出しているために国内需要が供給を上回ることが頻繁に起きている。ガーナのエネルギー消費量は660万TOE（石油換算トン）と見積もられ、電力はその9％を占める。ヴォルタ川の水力発電を活用すればまだ伸びるであろう。

西アフリカ最大の沖合油田に高まる注目

2007年に確認埋蔵量10億バレル級の沖合油田（ジュビリー油田）が発見され、各国から大きな注目を浴びている。石油が出れば随伴する天然ガスの生産も見込まれる。商業生産は2012年12月から始まり、2012年のGDP成長率は実質7.9％とガーナ経済を押し上げた。2013年のジュビリー油田の生産は11万バレルに達すると予想される。この油田は西アフリカ最大の沖合油田である。

ガーナはアフリカ諸国の中では政治経済的に比較的に安定した国と見られており、ビジネス環境についても評価が高いので、各国がこぞって参入するブー

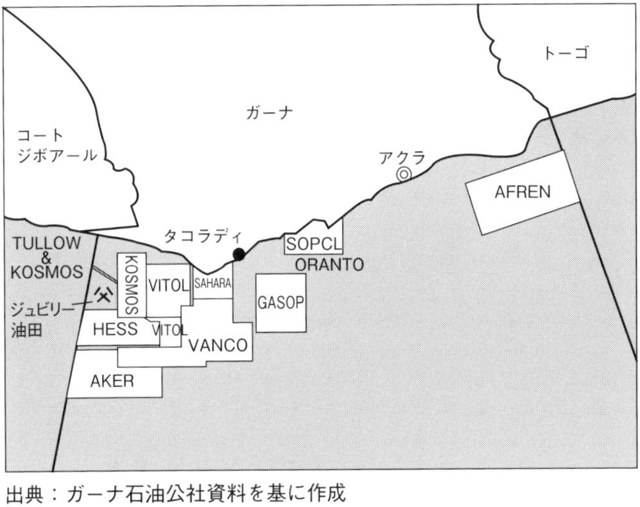

出典：ガーナ石油公社資料を基に作成
注）　三井物産が取得した権益鉱区はAFRENと名のついた所

ガーナ沖合の石油鉱区

ガーナ沖合の石油堀削リグ

ムとなった。しかし、日本企業によるガーナの資源分野への投資は、歴史的あるいは地理的な優位性をもつ欧州や米国、南ア企業、また政府と一体となって権益獲得を進める中国企業に比べ、現時点で実績が少ないのが現状である。そういった中、三井物産はJOGMECの支援を受けて、日本企業として初めてガーナ沖の石油鉱区の権益を英国の会社と共に取得した。中国企業も国と一体となって別鉱区に参入している。

天然ガスについては、供給市場を考え、隣国のトーゴ、ベナン、ナイジェリアとガーナ内ガス田を結ぶガスパイプライン計画がある。

一方、明るい話ばかりではない。海岸にタールボール（油塊）が流れ着いたり、クジラが打ち上げられたり、環境への影響が懸念されている。

ガーナでも資源ナショナリズムがゆるやかに浸透

ガーナでは、政府は鉱業プロジェクトに10％の権益を無償で得ることができ、さらに20％までは市場価格で参入ができるとしている。ロイヤルティは生産額に応じて3～12％まで変わるとしていた。

最近の鉱業・鉱物法の改正により、金鉱山に関してはロイヤルティ料率を5％に一定化し、一方で法人税率を35％に引き上げた。ガーナ政府は、最近の国際的な金価格の高騰の利益を適正に受けていないとして鉱業からの税収拡大を目指しているが、鉱山企業からの反対などにより実現は不透明である。

このため、ガーナ政府は鉱山企業に対して地元経済への貢献拡大のための具体策の提案を求めるなど、政府との協議を維持するよう要請した。国営の金鉱山企業の設立によりプロジェクトへの資本参加の拡大も検討されている。

税金については、10％の超過利潤税の創設などの課税強化や徴税管理体制の改善を検討している。前述のとおり、企業からの反対や新税制の既存事業者への適応について協議が長引くなど、計画の見直し、調整などが必要であり、具体的な改正には時間がかかる模様である。

このように、ゆるやかな資源ナショナリズムが浸透してきている。

また、ガーナには政治的に影響力をもつ強い労働組合が存在する。鉱山会社は労働争議が発生した際に政府と連携を持つことが難しく、孤立する傾向がある。

中国人による金の違法採掘が問題化

現代版ゴールドラッシュが今、ガーナで起こっている。その採掘者のほとんどが中国人で、しかも広西チワン族自治区の出身者だという。ある採掘者は3年間で資産の20倍の1億元（約17億円）を儲けたという。

ガーナの金鉱山は、ニューモント・マイニング社やゴールド・フィールド社、アングロゴールド・アシャンテ社などの企業によって所有・操業されている。大型機械を使って岩石から金を採掘しているが、川で採れる金はそのような大型機械では効率的に採掘するのが難しい。

中国の人々はそこに目をつけ、小規模の採掘場が多い所のみでビジネスを展

小規模事業者による金の採掘現場

開している。川の砂をポンプで吸い上げ、砂金をほぼ独占的に採掘している。ガーナの法律では、25 エーカーより小さい場所を採掘できるのはガーナ人に限っているが、彼らはお構いなしに違法採掘を行っている。

近年、ガーナには 1 万人以上の中国人が流入した。この大規模な流入と違法な採掘、環境破壊が多くの現地人の怒りを買っている。違法採掘に従事する中国人は数万人ともいわれる。ガーナ人の富を横取りされ環境を破壊される怒りが中国人金採掘者の虐殺を引き起こしている。しかしながら、中国大使館は無関心を装っている。ガーナ政府移民管理局も警察、軍と協力して、違法採掘者を 124 人拘束したり、4,592 人国外退去にしたり対応しているが、なかなか収まらない。小規模鉱業者とは違った次元の問題である。

コートジボワール

西アフリカ経済を牽引する産油国

象牙からカカオ、そして石油へ

コートジボワールとはフランス語で「象牙海岸」という意味で、その昔の奴隷取引の時代に象牙が積み出されたことから名づけられた。

1960年にフランスから独立した**コートジボワール共和国**の基幹産業は農業で、農業に従事する人口は全体の約80％を占め、GDPの約30％、輸出の大部分を占めていた。1960年代から1970年代まで主要産品であるカカオ、コーヒーなどの輸出により驚異的な経済成長をとげ、「イボワール（コートジボワール人）の奇跡」と呼ばれていたほどである。周辺国から抜きん出ており、首都アビジャンは建物のラッシュが続き美しい街並みが作られ「西アフリカのパリ」と皆が憧れた。

1990年代後半になって主力産品のカカオの価格が急落して経済が停滞し始めた。2002年のクーデター未遂をきっかけとして内戦に発展し、そこから日本企業も外国企業も同国から撤退した。その後、幾多の変遷を得て2007年に和平への道を歩み始め、IMFや世界銀行の融資が再開し、徐々に経済回復に向かい始めた。1993年より石油生産が開始し、石油・石油製品輸出額はコーヒー、ココアの輸出額と並び主要貿易品目となっている。

コートジボワールの経済規模は、西アフリカ経済通貨同盟8カ国のGDP合計の約3分の1を占め、地域経済の牽引役といえる。主な輸出品は、カカオ豆（年間130万トン）・カカオ調整品、原油（日産4万バレル）・石油製品である。

コートジボワールの首都アビジャン

主要鉱物資源の生産量

鉱種（単位）	1995年	1996年	1997年	1998年	1999年	2000年
原油（バレル）	229万2,400	581万5,100	526万6,400	380万6,000	354万7,000	257万8,200
天然ガス（m^3）	3,601万	4億6,690万	7億6,590万	9億4,380万	11億1,410万	11億8,020万
金（kg）	2,007.4	2,054.0	2,534.0	1,968.4	2,967.0	3,444.1
工業用ダイヤモンド（カラット）	7,532万3,800	1億7,959万7,000	25万2,500	24万6,800	33万1,000	18万6,300

コートジボワールの主要鉱山・探プロジェクト

アビジャンには石油精製所が発達し、8社の製油会社より販売されている。

石油以外の鉱物資源開発も始まる

コートジボワールは、金鉱、鉄鉱、ボーキサイト、ニッケル、マンガンなどの鉱物資源が知られているが、今まで金鉱業以外は目立ったものはなかった。現在では、石油の生産精製が大きく伸びて比重を増している。

コートジボワールの鉱物資源については、以前よりそのポテンシャルが指摘されながら生産額は依然GDPの1％に過ぎなかった。しかし、1990年代中頃より資源開発を中心に投資・生産活動が加速している。石油・ガス部門では欧米系外資企業が新規鉱区の開発投資に乗り出した他、非石油部門でも欧米系に加え、オランダ、南ア、カナダの企業が、ニッケル、金、ダイヤモンド、マンガン鉱の開発に着手している。この結果、石油と非石油鉱物の生産量は1994年から2000年にかけて年平均で32.5％の大幅な伸びを見せている。

コートジボワールの石油開発公社PETROCIは外資と組んで1995年から原油・天然ガスの生産を開始した。その後も外資が相次いで参入している。

1997年にカナダのファルコンブリッジ社とコートジボワール政府は、年産560万トン規模のニッケル・コバルト鉱床を発見・確認した。

鉱業法・投資法

コートジボワールの新投資法は2012年より施行されたが、これは1959年投資法、1984年投資法、1995年投資法を改定した新投資法、ならびに同法の施行細則からなる。同法は、国内企業同様に外資企業にも同様に適用され、かつ恩恵を与える。適用制度には申請制度と投資協定制度の二つに加え、中小企業向け特別規定がある。

ただし、鉱物資源および石油・ガス資源の探査・開発に特化した投資を行う際には、その手続や規定、優遇措置などを定めた鉱業法および石油法が別途適用される。鉱業法については1995年7月、石油法については1996年8月にそれぞれ制定、適用されている。

コートジボワール政府は新規鉱物資源開発の10％権益を無償で取得できる。権益の譲渡に際しては、国の承認を必要とする。また鉱業法は、外貨建て経理、資本の回収の海外送金、外国職員への支払いを認めている。探査および鉱業に対する関税、輸入品に対する付加価値税などの各種の税の免除を認めている。

第４章

アフリカの資源開発には何が必要か

ここまでアフリカの資源開発の現状と魅力を語ってきた。それでは、中国や欧米に比べて出遅れている日本はどうアプローチしていったらよいのか、何が必要か、述べてみたい。

● リスクはチャンスと心得よ

著者は国際鉱業会議に出席する機会が多いが、展示ブースを回った時、懇談会の時などで外国人から

「こんなに資源ポテンシャルがあるのになぜ日本企業はアフリカに出てこないのか」

とよく聞かれる。

「日本企業はリスクを嫌い安全、安定を求めるから」

と答えると、

「リスクのない国やプロジェクトはない。リスクとどう向かい合い、どのように取り扱うかだ」

と言われる。

確かに、外国鉱山会社、並びに支援・ロジ会社は他国の資源開発によく参入している。

ジンバブエで事業に成功した人が、

「ジンバブエのビジネス環境は最悪といわれている。しかし、それだけ参入する企業が少ないので競争が少なく、着眼よろしく、やられてない事業を選べば独占成功するチャンスが多い。面白い国である。」

と語っていた。

現在、日本においては企業の海外進出とかグローバル化とかが叫ばれるが、鉱山業においてはもっと古くから海外に出ていた。現在は限られたところにしか出ておらず、それも日本の製錬所に必要な鉱石確保といった観点からであるが、その昔は、その地で鉱山業を営む観点で資源を探し開発していた。調べれ

コンゴ民主共和国カンボーベ選鉱場を調査中の著者

ば本当に多くの国において密に資源調査と開発がなされ、多くの日本人が働いていた。日本国内に鉱山がなくなると同じように、上記の鉱石確保を除いて海外への事業展開も減少していった。鉱業分野におけるリスクを一般企業のリスクと同じように接する経営者が多くなったせいであると思われる。

リスク分析は企業経営者の常識であるが、一般製造業のように市場分析、立地条件、部品調達、流通販路などを分析するのと、鉱山業は違っている。宝石、貴金属、工業用材料、ベースメタルなどで多少違ってくるが、共通する点の一番大きなリスクは、ビジネスの基となる掘り出す資源が地下にあって、その賦存状況は完全には分かり得ないということである。

ボーリングの数を増やして、あるいは探鉱坑道を掘削して確かめれば確度は高まるが、それだけ事前のコストは大きくなる。鉱山師（やまし）の眼力とい

鉱山ビジネスの 10 大リスクの変遷

順位	2010 年	2011 年	2012 年	2013 年
1	資本配分	資源ナショナリズム	資源ナショナリズム	資源配分および調達
2	技能労働者不足	技能労働者不足	技能労働者不足	利益保護および生産性向上
3	コスト管理	インフラアクセス	インフラアクセス	資源ナショナリズム
4	資源ナショナリズム	ライセンスの維持・更新	コストインフレ	ライセンスの維持・更新
5	ライセンスの維持・更新	投資計画の実行	投資計画の実行	技能労働者不足
6	インフラへのアクセス	資源価格・為替レートの変動	ライセンスの維持・更新	資源価格・為替レートの変動
7	エネルギー源へのアクセス	資本配分	資源価格・為替レートの変動	投資計画の実行
8	資本調達	コスト管理	資本のマネジメントおよび調達	利益配分
9	資源価格・為替レートの変動	自然災害による供給障害	利益配分	インフラアクセス
10	気候変動（CO_2 排出など）への懸念	不正・汚職	不正・汚職	代替品の脅威

出典：Ernest & Young 社「The business risk report mining and metals」

うか、集められた情報、鉱石と地質と地形を合わせて見て判断する力が基本となる。本来、リスクが高いものなのである。

また、立地も選べない、鉱床があるところに鉱山を開発しなければならない、鉱石を出す道、水・電力などのインフラの目途がつきそうであれば経済開発が及んでないとか、多少の治安が悪い、などは大きな問題ではない。外国の鉱山会社にはそういった冒険的精神（ベンチャー精神）がある。かつての日本の鉱山会社もそうであった。リスクへの対峙の仕方が変わってきた。

他国と比べて日本ではベンチャー企業が育ちにくいという。チャレンジする人が少ないのと、そのチャレンジを認めて応援する人が少ないからである。鉱山の世界も同じで、カナダではジュニア・カンパニーという 2、3 人で探鉱会社を設立し、一般投資家が株を購入して資金形成をするという制度が発達している。株を購入する一般投資家も、鉱山業が失敗して損をすることも織り込み済みで、大当たりを夢見て投資するのである。起業家も投資家も挑戦的である。そういった土壌も日本に育って欲しい。

リスクとチャンスを見抜くのは企業家にとって必要なことだが、鉱山業にとっては嗅覚のように見抜く力と思い切った度胸が必要であろう。他の産業と比べて、鉱山業では失敗するケースも大当たりするケースも一番多いであろうから、それだけに魅力も多い。

日本の資源企業よ、アフリカに向かおう。

● 案件発掘と鉱区取得には人脈と情報が第一

良い鉱山案件を発掘するには、どのようにしたら良いのであろうか。

既存の地球科学的なデータをきちんと分析、理解することは第一義であるが、先にも述べたように、地下を全部見透かしたわけではないので限界がある。周辺に操業鉱山や休廃止鉱山があると、同じ条件下であるとすると鉱床が他にもあるという大きな助けとなる情報である。従ってそういった鉱山を見学、調査するべきである。

情報を得るのに重要なのが人脈である。

「あそこで、かつてどこそこの会社が銅とか金を掘っていたとか、誰それが探査していた」

「鉱化層が大きく褶曲している」

「品位が高い低い」

「掘削において水が出て大変だった」

とか、いろいろな情報が人づてに得られる。

関係役所内に人脈があれば、なおさら情報収集には有利である。アフリカでは、あらゆる情報が整えられ閲覧できるとか、コンピュータ検索できるとか

日本で研修を受けていたコンゴ民主共和国の鉱山登録局長と著者

いった状況では必ずしもないので、ハードコピーの情報を探すにも人脈があれば有利である。

また、鉱区取得においても、書かれた法規や手続きをきちんと理解することも難しい場合もあるし、書いてある通りになかなか進まない場合もある。そういった場合も役所内に人脈があると大いに助けとなる。

再びコンゴ民主共和国の話になるが、首都キンシャサにある鉱山登録局長は、かつてカタンガ州のムソシ銅鉱山を日本が開発した時に、日本の国際協力事業団（現在のJICA）の招聘で日本にリモートセンシング技術の研修に来ており、当時の日本鉱業㈱から研修を受けたと話し、「日本企業が鉱区を希望するならば喜んでお任せ下さい」と述べていた。

さらに、JOGMECが現在ボツワナにリモートセンシングセンターを開設しているが、ボツワナに決まった経緯は、かつてJICAの研修で日本に来ていた技術者が、センター開設時にボツワナ地質調査所所長となっていたので受け入れたと聞いている。

このようにかつての研修員が資源国政府機関のトップになっている。

日本の鉱山会社も南米には進出し人脈作りに励んでいるが、JICAでは企業支援として、特にアフリカ、アジア・大洋州は重点地域として役所の人材を育成し、知日派を作り、日本との絆になって欲しいと願い「資源の絆」プロジェクトをスタートさせた。

● 日本式を押し付けるな、日本流を認めさせろ

アフリカに限らずに開発途上国で日本企業が仕事をする場合、「日本ではこうする」といった日本式を押し付けることがあるが、開発途上国にそういった姿勢になるのは無意識に「上から目線」があるからで、その国のやり方も理解しなければいけない。その国のやり方は、背景に宗教、慣習、家族・社会関係があるからで、それらが違う日本式を押し付けるには無理がある場合があり、反発を招き、作業効率が落ちる場合がある。

著者は若かりし頃、現在のコンゴ民主共和国の銅鉱山の開発現場で働いていた経験がある。技術者として探査部にいたが、50人いた黒人の労務管理のような仕事もしていたので、従業員のみならず、奥さん、家庭の問題まで首を突っ込むことになった。

日本式義理人情で面倒を見てあげたので、それなりに皆の信頼を得て親しまれたつもりであったが、ある職員への一言でその職員から「人種差別で裁判所に訴える」と言われ、大変がっかりしたことがあった。こちらが思いもしない言葉が「人種差別」と取られることがあるので要注意である。

鉱山開発の段階で、相手側が「違う」と感じることがあるかもしれない。しかし、それが良いことであれば必ず理解されていくものである。日本流のていねいな仕事の仕方、欧米と違って人種差別しない態度、時間を厳守する態度、全員が良い結果を生み出そうとする団結心などは理解されていく。そのような感心を呼ぶのも、日本機械の優秀さ、技術の優秀さ、それらの実を以て示す点

が大きい。そういったことから日本流は認められていく。

著者は2013年に、かつて働いたコンゴの鉱山の現在の所有者、国営会社ジェカミン社の幹部と43年ぶりにお会いした。

社長から、

「日本が開発した鉱山の道路は今も健在であるし、構内設備も健在である。良い技術であった。」

「日本のボーリング機械、重機など故障も少なく、稼働率も良い。またぜひ日本製の機器を購入したい。」

と言われた。

日本への信頼と期待は熱いのだ。

● 日本の技術と機械・機器を売り込め

今まで述べたことと連携するが、鉱山開発の機会を利用して日本の技術と機械・機器を売り込むべきである。そうすることによってビジネスの幅が広がる。

リスクがあり、日本の鉱山会社が参入しない場合でも、コンゴやその他でも見られるように日本製の技術や機械・機器に対する信頼は高い。こういった強みは推し進めるべきである。

また、技術や機械・機器の取引が広まると、鉱山現場に日本人が入ることも多くなり、情報が入り、資源開発への参入の機会も多くなると期待される。送金リスクを考えてビジネス展開を躊躇する声も聞くが、それではいつまでたってもアフリカでのビジネスは展開できない。

鉱山開発事業はそれだけに留まらず、技術や機械・機器の売込みを伴ってこそ意義が大きくなる。

● 信頼は搾取より強し

これも日本流を認めてもらうことと拡大ビジネスと関係するが、資源国も開発参入する企業には、できるだけ付加価値がつくことを期待する。そういった意味で、日本流が認められれば新規参入が有利となるので、先発企業には頑張っていただきたい。

また、魅力ある技術や機械・機器を有していると、これまた新規参入に有利となる。いつでもチャンスに対応できるように企業は技術を磨き、メーカーは外国企業に打ち勝てるように機械・機器の改良・革新を図っておくべきである。

● 鉱床を熟知しないと採掘は成功しない

アフリカには日本企業が国内で経験したことのない鉱床タイプが多い。経験してない鉱床であると、構造・割れ目・強度などの点で初めて経験することが多い。採掘時にこのような状況を把握していないと、落盤、ズリ混入の増加などによる実収率低下など、鉱山操業に大きな影響を及ぼし、延いてはコストがかかりすぎて閉山に追い込まれる場合もある。

日本鉱業（現在・JX日鉱日石金属）のムソシ鉱山でもそのような問題に遭遇した。当時の日本鉱業㈱は国内海外に多くの鉱山を抱え、技術にも自信を持ち、技術者も多く抱えていて、そのような問題が起こるとは想像もしていなかった。こういった場合、同じ鉱床帯の近隣鉱山を見学するなどして、事前調査をしておくことが望ましい。

● 輸送ルートと電力・水を確保せよ

鉱山開発を考える企業は、当然のことであるが関連する必要なインフラが整っているか、あるいは整えられる状況にあるかといったことが大きなポイントになる。

そういった意味では、コンゴとザンビアの両国にまたがるカッパーベルトでは、すでにいくつもの鉱山が開発・操業されていて基本インフラは整っていたので、日本企業の新規鉱山開発でも比較的有利であった。それでも鉱山で選鉱場を始め必要とする大量の水については、自ら井戸を掘って水の確保に努めた。

電力も近隣諸国も含め大きな供給源が期待できるかがカギとなる。コンゴの場合、コンゴ川のインガ・ダムの発電所からカタンガ州の鉱山に送電されたが、送電設備の建設に莫大な費用を要した。コンゴ川のインガ滝があるところにはまだ発電容量があり、第3のダム発電所が期待されている。

インガ発電所とカッパーベルト間の送電線は南部アフリカ諸国の送電線とつながっており、理論上はケープタウンまで電力を送ることができる。そのため、近年の平和の到来や復興で電力の不足気味である南部アフリカ諸国がインガの復興と拡張に積極的な姿勢を示している。特に積極的なのは南アフリカ電力公社（ESCOM）である。南アフリカは電力不足が慢性化しており、2008年には鉱山に対する電力制限を実施し金相場の混乱を招いたこともあることは第3章で述べた。この電力不足は2015年まで続く見込みのため、ESCOMは電力の確保に躍起となっている。

2004年に、南アフリカをはじめとしてボツワナやナミビア、アンゴラ、そしてコンゴ民主共和国がグランドインガダムの事業化計画化を目指すというウェスタン・パワー・コリドー計画を発表した。総工費は800億ドルにのぼると見られている。この計画で発電できるのは44,000MWに及び、アフリカ南部の電力需要を完全に満たすことができると考えられている。

内陸のカッパーベルトにあるムソシ鉱山の場合もそうであったが、他の鉱山においても、アフリカは大陸であり輸送距離が長くなって輸送ルートは大きなカギとなる。自国内ルートだけの場合でも、鉄道建設は大きな経費を必要として大事業となる。ムソシ鉱山の場合、他国を通りながら4ルートが候補として挙がったが、いずれも政情不安な隣国を経由しなければならず、安心安定的な輸送ルートとはならなかった。

モザンビークの場合、その良質で大量に賦存する原料炭が大きく脚光を浴び、ブラジル大手のヴァーレ社が開発参入し、日本の新日鉄住金が追走している。

しかしながら、炭田は今まで輸送路がなかった内陸にあり、石炭の場合大量に輸送するため、トラック輸送でなく鉄道輸送の方がコスト面で有利であり、鉄道敷設が必要となる。併せて積出のための港・港湾施設が必要となる。このため、日本の国際協力機構は、モザンビーク政府、各国支援組織、民間企業と調和したナカラ回廊開発計画を実施している。

● 政治の安定をにらみ逃げ道を確保せよ

かつてと違って現在ではアフリカ大陸も北部と東部の一部を除いて安定しているのであまり心配することはないことかもしれない。しかし、かつてのエチオピアの例もあるし、現在でもニジェールとか南スーダンでは退避を考えるほどの事態が起こっている。

また、鉱山は当該国の経済発展の原動力となるので反政府ゲリラの標的となりやすい。鉱山には掘削用のダイナマイトが保管されており、ゲリラにとってはそれを奪うことも襲撃の目的となる。さらに金鉱山ではそこで金塊まで作られることが多いので、それを奪うことも目的となる。そういった意味で金鉱山は一番ゲリラの標的となる。ダイヤモンド鉱山でも同様であり、治安の悪い国や地域では、武装した守衛で守ることとなる。

鉱山は大地を掘削する事業であり、いざという場合、資源を含め鉱山施設の全てを残して退却しなければならなくなる。そういった国の状況を掴んでおくことは重要で、いざという時の情報網を確保しておくことが大切である。

● これから増えてくる国の支援策を大いに活用すべし

経済産業省、外務省、国際協力機構（JICA）、国際協力銀行（JBIC）、石油天然ガス・金属鉱物資源機構（JOGMEC）、日本貿易保険（NEXI）が連携し、**海外鉱物資源確保ワンストップ体制**を構築し、民間企業の資源関連海外進出を支援している。これは、資源開発の各段階で必要な支援がこれらの機関の機能

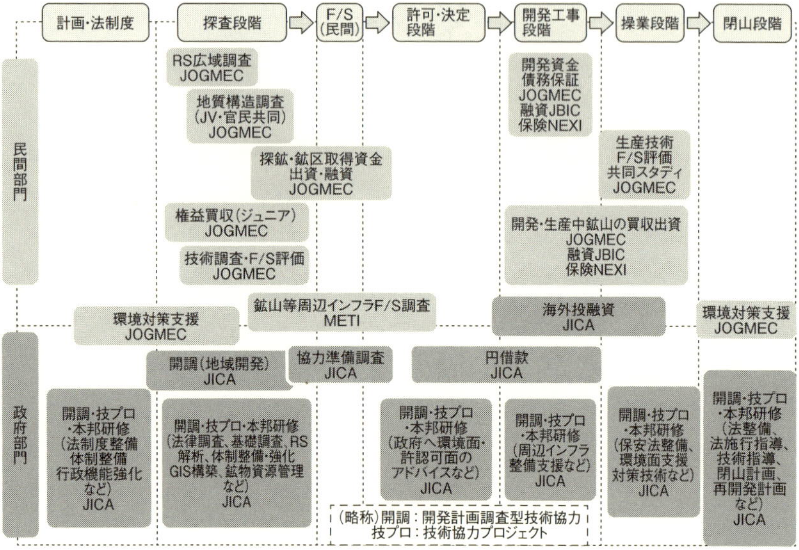

海外鉱物資源確保ワンストップ体制

でもれなく受けられるという体制である。

このように国際的競争力で弱点を有するところを政府が支援する体制ができているので、上手に活用していくことをお勧めする。

● 世界を股にかけて活躍できる日本人を発掘せよ

日本人には優秀な人が多い。しかしながら社会と教育制度のせいで、組織の中で力を発揮し組織と共に仕事をしようとする人が多い。

その理由もよくわかるが、もし世界の一匹狼でやっていけるほどの実力を持っている人がいたら、ぜひ世界でフリーに活躍していただきたい。

一般に海外のメジャーといわれる会社などは、資源の種類も地域も限定せず、世界中であらゆる鉱種の資源に対し、それがビジネスになりそうであると参入する。したがって、ある所で探査、鉱山開発などのプロジェクトが発生すると、それに適した人を募集し、技術者も自分に適したプロジェクトを探して応募することによりプロジェクトを実行する。そうすることで企業側は最少コストで最適人材を集められるし、技術者も自分の希望する地域、鉱床タイプ、プロジェクトタイプで自分のキャリアプランに従った経験が積める。技術者はキャリアを積みながら世界中を回る。

今、日本では国内鉱山がなく大学の資源系教育も衰退し、海外進出に伴って専門技術者が不足している。しかしながら資源分野は、資源価格にビジネスが左右され、予測をしない変動をするので、余裕ある人材を保持しないでぎりぎりの状態を維持している。世界を股に活躍する日本人が多くいると、こういった時、力強い助っ人となる。本人のためにも日本企業のためにもそういった技術者が増えることを期待する。日本の企業側も、人材確保の概念を改め、技術者のフリーな選択と技術力を買うようにしなければいけないであろう。

おわりに

アフリカの資源ブームの中で感じられるのは、日本企業の進出の遅さである。リスク管理は重要で、慎重を期す考え方も理解できるが、多くの他国の企業が進出するなかでもどかしさを覚える。日本企業がかつて一度も海外進出したことがないのなら理解できるが、他の産業がまだ日本国内を本拠地として海外進出していなかった時代から、日本の鉱山会社は盛んに海外で活動していた。本著でも紹介したように、当時、旧宗主国の企業以外は入っていなかったザイール（現・コンゴ民主共和国）、エチオピアにも進出し、立坑を掘削し鉱山開発、鉱石を出して操業するまで行っていた。欧米、中国、韓国、インドが進出する中、かつての日本の鉱山魂はどこに行ってしまったか。

アフリカに進出するには、資源ジュニア・カンパニーのようなベンチャー精神が必要であるし、かつての日本人のような、現在の世界的技術屋のようなフロンティアな挑戦をする一匹狼のような技術屋が必要である。

今、アフリカ諸国は資源開発による国造りのための人材育成を必須な重要事項として取り上げ、日本政府にもその協力支援を求めてきている。しかし、途上国同様にそれを一番必要とするのは日本でもある。国内に菱刈金鉱山と石灰石鉱山を除いては鉱山のなくなった日本では、鉱業技術を教える大学の学科も教官もわずかばかりになってしまったし、見学、実習の機会もない。風前の灯である。このような時代には、学生はフィールドのあるカナダ、オーストラリアなどの資源国の大学で学びフィールド経験を積んで日本の大学・企業などに戻ってくるといった方式も必要である。大学も企業も日本人、外国人の別なく世界で通用する研究者・技術者を採用することである。

海外で通用する技術者の育成、国際的に活躍できる人材の育成のために日本の大学教育および大学に望むのは次のことである。

・資源開発の一通りの基礎知識（探査、採鉱、選鉱、製錬）およびこれに関連する基礎学問（地質学、岩石力学、機械工学、電気工学、熱力学など）を大学の正規のカリキュラムとしてしっかり組み込む。

・大学の実習・卒論のフィールドに海外を勧める。

・海外留学・実習の単位を認める。

・留学生をできるだけ受け入れて国際交流を図る。

・従来の地球科学系、資源系科目に加え、語学・コンピュータ教育の充実、資源経済学、資源管理・運営学、環境保護学、国際関係学、海外の地域社会学、異文化コミュニケーション学、リスク管理学などを教える。

・大学の国際交流をより一層活発化し海外との連携を強化する。

日本国内の資源系カリキュラム、教官の減少への対応と、国際交流の方法として、国際的に複数の大学が連携カリキュラムを組み、学生が自由に各大学の講義を受講するとか、教員が大学を回る方法がある。まずは国内の大学間で始められるべきである。

アフリカの大自然は美しい。食物、生活、文化もそれなりに楽しい。アフリカの豊富な天然資源を環境と調和して開発し、経済発展に寄与しながら日本の資源確保にも貢献する。これは夢のある意義深い楽しい仕事である。

本書執筆に当たり、経済産業省、JICA、JOGMEC、JETRO などの資料を参考にさせていただいた。JICA 本部、JICA 海外事務所、アドバンストマテリアルジャパン㈱などからは写真の提供に協力していただいた。また、日刊工業新聞社の森山郁也氏には編集でご苦労をおかけした。ここに深く感謝申し上げる。

著 者 紹 介

細井　義孝　(ほそい　よしたか)

秋田大学客員教授。北海道大学、大阪大学非常勤講師。国際協力機構（JICA）資源開発アドバイザー。経済学博士。鉱業技術者。鉱業アナリスト協会（本部英国）会員。英国 Oxford Policy Management 登録会員。

1974 年、秋田大学鉱山学部採鉱学科卒業。在学中に休学してザイール（現・コンゴ民主共和国）で銅鉱山開発に 1 年半従事する。

1976 年、東京大学工学部資源開発工学科研究生修了。同年、金属鉱業事業団〔現・石油天然ガス・金属鉱物資源機構（JOGMEC)〕に入団。資源探査、鉱山開発、深海底資源探査、鉱山環境対策国際協力などを経験。在職中にサントトーマス大学大学院経済学専攻修士課程、クイーンズランド大学大学院経済学専攻博士課程を修了。

2003 年より秋田大学客員教授。

2005 年より深海資源開発㈱に出向。

2011 年より JICA 資源開発アドバイザー。

2013 年より北海道大学、大阪大学非常勤講師。

著書：「Mining and Development」（LAP LAMBERT）

　　　「陸上から海底まで広がる鉱物資源フロンティア」（日刊工業新聞社）

成長する資源大陸アフリカを掘り起こせ

―鉱業技術者が説く資源開発のポテンシャルとビジネスチャンス―

NDC 561.1

2014 年 2 月 24 日　初版 1 刷発行　　　定価はカバーに表示してあります。

発行者　井水 治博

発行所　日刊工業新聞社

〒103-8548　東京都中央区日本橋小網町 14-1

電　話　書籍編集部　03-5644-7490

販売・管理部　03-5644-7410

FAX　03-5644-7400

振替口座　00190-2-186076

URL　http://pub.nikkan.co.jp/

e-mail　info@media.nikkan.co.jp

印刷・製本――美研プリンティング（株）

ISBN 978-4-526-07210-9　C3034